JN041846

一歩進んだ 物理の理解

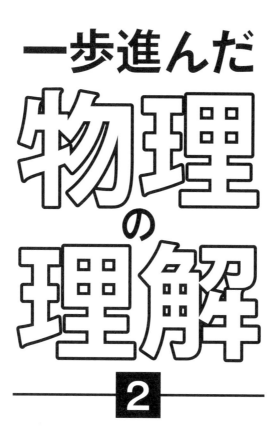

2

電磁気学・発展問題

真貝 寿明・林 正人・鳥居 隆
著

朝倉書店

前書き・コンセプト

本シリーズは，身の回りに見られる現象を，物理法則を使ってどこまでモデル化して理解できるか，という事例を問題形式で提供する．前提とする知識は高校で習う物理である．読者層としては，意欲ある高校生・高専生から大学理系初年度生，そして数理的思考を学び楽しむ社会人の方を想定している．

高校で習う物理，大学入試で問われる物理の問題は，力学，熱力学，電磁気学などの分野に分かれていて，設定された文字を使って解答を導く力が試される．しかし，本当の物理学は，そのようにお膳立てされたものではなく，「この自然現象はどう説明できるのだろうか」という問いかけから深められていくものだ．必要となる量に自分で文字を置き，シンプルなモデルに帰着させたり，簡単な仮定をして立式し，解いてみたりする．そして実際の値を当てはめてみて，妥当かどうか判断する．このようにして物理学は発展してきたし，私たちの身の回りの現象でも物理学は威力を発揮する．そして，自然のしくみを少数の法則で理解できたとき，私たちは物理を学ぶ楽しさを実感できる．本書では，このような視点に立って，高校物理（$+\alpha$）の範囲の法則や計算で，現象のモデル化を中心に，いくつかの題材を選んでいる．

本シリーズで取り上げたトピックの半分ほどは，実は大学の入試問題として取り上げた問題である．私たち著者3人は，同じ大学に所属していて（キャンパスは分かれているが），毎年，ストーリー性のある入試問題を作ってきた．単に公式を当てはめて答える問題ではなく，物理はここまでわかるから面白いよ，というメッセージを受験生に向けて発信してきたつもりである．本書の執筆にあたり，読み物としても楽しめるような形に再構成したが，問題形式は残してある．意欲ある読者は，解きながら，次第に明らかになる自然の姿の解明を楽しめるだろうし，その先の発展へも進めるだろう．問題の解説は，どうやって解くかではなく，解けたらどうなるのか，という点に重点を置いている．その点で，本書は入試問題の解説書ではない．

最近は，高校と大学の連携も注目され，高校生が大学の研究室を訪ねて研究を手がける機会も増えてきた．高校の物理から大学の物理へは，数学的なギャップもあり，高大連携はそれほど容易なものではない．だが，本書で取り上げたような問題設定から，物理で世界を語るという数理的な体験は，理系的思考への入門として役に立つと思われる．大学での物理学は運動方程式を微分方程式ととらえて解き進める形で展開するが，本書ではあくまでも高校生の知識で解き進められるようにしている．

本シリーズの構成は以下のようである．章立ては，高校物理の教科書にある分野名にならっているが，分野をまたがったり，初見では難しめの問題は発展問題として独立な章に

した.

　本シリーズの最後には大学で習う「相対性理論」の章も用意した. 物理学は, 19 世紀末までに完成した「古典物理学」と, 20 世紀に入ってからの「現代物理学」とに大きく二分される. 後者は「量子論」と「相対性理論」が中心となる. 高校物理で習うのは「原子」という題目で量子論の入り口までだが, 相対性理論の展開を知ることも悪くないはずだ. ブラックホールや宇宙を題材にした問題も作成したので楽しんでほしい.

　各章のはじめには分野ごとの簡単なまとめを（単なる公式集ではなく）解説として配した. ひととおり高校物理を知っている読者にその分野を概観してもらうことを想定している. また, 第 3 巻の「量子論」と「相対性理論」は, やや詳しめに紹介している.

　必要となる数学については第 1 巻, 第 2 巻の付録 A, B にまとめた. ベクトルの外積や微分方程式の初等的な解法など, 高校生でも知っていて損のない内容である. また, 第 3 巻の付録 C には, シミュレーションに興味をもった読者への基礎的な説明とサンプルコード（C, Fortran, Python）を用意した. 歴史的な裏話や発展的な解説などはコラムにした. 息抜きに Coffee Break 欄も用意した. いずれも, 進んだ内容を探す高校教諭にも役立つことと思う.

　本シリーズでは, 時として高校の学習指導要領を超える話を展開するが, 難易度マークをつけたので, 参考にしてほしい.

　　★☆☆　　高校の教科書の内容程度の問題, 解説
　　★★☆　　大学入試か大学初年度レベルの問題, 解説
　　★★★　　大学初年度レベル以上の問題, 解説

　問題中の数値計算は, 電卓を用いることが推奨されるものもある. 物理を学問として味わうことを楽しんでもらうのもよいし, 数理的アプローチに酔ってみるのもよいだろう. 本シリーズはどこから読み始めても構わない. 知的好奇心をかき立ててもらえれば幸いである.

　　2023 年 活気を取り戻したキャンパスにて

　　　　　　　　　　　　　　　　　　真貝寿明・林　正人・鳥居　隆

目　　　次

コラム

☕ Coffee Break

第1巻・第3巻略目次

第 4 章

電磁気学を中心とした問題

ファラデー

4.0 電磁気分野のエッセンス

1. 電流と回路

粒子や物体は, 正または負の電気を帯びると, 引力や斥力を生じさせる. 粒子や物体がもつ電気を電荷（正電荷, 負電荷）と呼び, その量を電気量と呼ぶ. 電気量 q の単位は〔C〕（クーロン[*1]）である.

■電子, 電流, 電圧　　　　　　　　　　　　　　　　　　　　　★☆☆

原子は原子核と電子からできていて, 原子核は陽子と中性子から構成されている. 電子は負の, 陽子は正の電荷をもっていて, 中性子は電荷をもたない. 電子1つと陽子1つそれぞれがもつ電気量は, 符号が異なるが同じ大きさであり, $e = 1.6 \times 10^{-19}$ C である. この値を電気素量という. 普通の原子は陽子と電子の数は等しく, 電気的に中性である. 正負の電荷のバランスが崩れた原子・分子をイオンという.

金属は, 規則的に並んだ原子が互いに電子を共有していて, 一部の電子が自由に動くことができる（自由電子）ので, 電気を伝えることができる. 電気をよく伝えるものを良導体（導体）, 伝えにくいものを不導体（絶縁体）, Si（シリコン, ケイ素）など両者の中間的な性質をもつものを半導体という.

持続する電気の流れ（電荷の移動）を電流といい, 単位は〔A〕（アンペア）[*2]である. 電流の大きさ I は, 導線の断面を時間 Δt にどれだけの電気量 Δq が通過したかで決める.

$$I = \frac{\Delta q}{\Delta t} \quad (\text{電流の大きさ})\text{〔A〕} = \frac{(\text{電気量})\text{〔C〕}}{(\text{時間})\text{〔s〕}} \tag{4.0.1}$$

$$\text{より一般には } I = \frac{dq}{dt} \tag{4.0.2}$$

電流を流そうとするはたらきを電圧という. 単位は〔V〕（ボルト[*3]）. 電流の動きを川の流れになぞらえれば, 電圧は（重力による）位置エネルギーに相当する. 乾電池など常に一定の起電力

$$V = (\text{一定})$$

を提供するものを直流電源（回路記号は ─┤├─）という. 家庭のコンセントから供給される電源は時間とともに振動する交流電源（回路記号は ─◯─）で,

$$V = V_0 \sin(2\pi f t)$$

である. f は 1s 当たり何回振動するかを示す周波数（振動数）で, 単位は〔Hz〕（ヘルツ[*4]）

[*1] クーロン（1736–1806）に由来する.
[*2] アンペール（1775–1836）に由来する.
[*3] ボルタ（1745–1827）に由来する.
[*4] ヘルツ（1857–94）に由来する.

である．角周波数（角振動数）$\omega = 2\pi f$ を用いて表すことも多い．

■電気回路と素子　　　　★☆☆

　電気回路は，ある起電力源の $+$ 極からスタートしその $-$ 極でゴールする閉回路で定義される．回路の電流が抵抗やコンデンサ，コイルなどの素子を通過すると，そこで電圧降下が生じる．キルヒホッフの法則は，各素子を流れる電流を求める基本法則である．

法則 4.1（キルヒホッフの法則）

- 第 1 法則
  複数の導線が一点で結ばれているとき「その点に入る電流と出ていく電流の総和は等しい」（電荷の保存則；図 4.0.1）．式で表すと，入る電流を正，出ていく電流を負として

図 4.0.1　第 1 法則

$$\sum_n I_n = 0 \qquad (4.0.3)$$

- 第 2 法則
  どのような閉回路をとったとしても，「閉回路を一周したときの電圧降下の代数的な和は，その閉回路にある起電力の総和に等しい」（図 4.0.2）すなわち，

$$\sum_{\text{閉回路}} (\text{起電力}) = \sum_{\text{閉回路}} (\text{電圧降下}) \qquad (4.0.4)$$

  これは，起電力を位置エネルギーと見なせば，回路一周を経た後には位置エネルギーを使い果たした，とも理解できるので，エネルギー保存則と解釈できる．

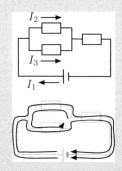

図 4.0.2　第 2 法則．上図の場合，未知数は I_1, I_2, I_3 で，第 1 法則より $I_1 - I_2 - I_3 = 0$ と，閉回路をどれか 2 つ考えた式を立てればよい．

- 電流の流れを妨げる素子を抵抗（回路記号は─▭─）という．電流の流れにくさを抵抗値 $R \, [\Omega]$ で表す．両端で生じる電圧降下 V_{R} は，電流を $I \, [\mathrm{A}]$ とすると，

$$V_{\mathrm{R}} = RI \qquad (4.0.5)$$

となる．抵抗に電流が流れると熱や光が発生する．このとき時間 t の間に消費されるエネルギー $U_{\mathrm{R}} \, [\mathrm{J}]$ は，

$$U_{\mathrm{R}} = RI^2 t \quad I \text{ が変化するときは} \quad U_{\mathrm{R}} = \int_0^t RI^2 \, dt \qquad (4.0.6)$$

である．
- 電気を一時的に蓄える装置（素子）をコンデンサ（回路記号は─┤├─，キャパシタとも呼ばれる）という．2 枚の導体板（金属板，極板）を平行に置いたもの（平行板コ

ンデンサ）の両極板に導線をつないで電圧を加えると，極板上には正負の電荷が互い
に引き合って蓄えられ，電圧をかけるのをやめても蓄電状態が保たれる．コンデンサ
が電荷を蓄える能力を電気容量といい，C〔F〕（ファラド[*5]）で表す．電気量 Q〔C〕
だけ蓄えたときには，両端で

$$V_{\mathrm{C}} = \frac{Q}{C} \tag{4.0.7}$$

の電圧降下が生じる．また，コンデンサが蓄えるエネルギー U_{C}〔J〕は，

$$U_{\mathrm{C}} = \frac{1}{2}CV_{\mathrm{C}}^2 = \frac{1}{2}\frac{Q^2}{C} = \frac{1}{2}QV_{\mathrm{C}} \tag{4.0.8}$$

である．

● コイル状の導線は定常電流であれば単なる導線だが，電流の大きさが変化すると，電磁
誘導により，その変化を妨げる誘導起電力が発生する素子になる（回路記号は ‒m‒）．
生じる電圧降下は，

$$V_{\mathrm{L}} = -L\frac{\Delta I}{\Delta t} \quad \text{より一般には} \quad V_{\mathrm{L}} = -L\frac{dI}{dt} \tag{4.0.9}$$

となる．L〔H〕（ヘンリー[*6]）は，電流の変化によってコイルがもたらす誘導起電力の
大きさを表し，インダクタンスと呼ばれる．マイナスがつくのは，電流の変化を妨げる
向きの起電力となることを示すためである．また，コイルがもつエネルギー U_{L}〔J〕は，

$$U_{\mathrm{L}} = \frac{1}{2}LI^2 \tag{4.0.10}$$

である．

● n 型半導体は共有結合する電子が過剰な物質，p 型半導体は共有結合する電子が欠け
ている物質で，それぞれ電子とホール（正孔）が電気を伝える役割（キャリア）をす
る．p 型半導体と n 型半導体をつないだもの（pn 接合）がダイオードである．ダイ
オードは電流を p 型から n 型の一方向（順方向）にしか流さない素子になる．この性
質を整流性という．回路記号は ‒▷|‒ で，矢印の向きが順方向である[*7]．

図 4.0.3 のように，3 つの素子を直列に接続した RLC 直
列回路を作ったとき，キルヒホッフの第 2 法則は，起電力
を $V(t)$ として，

$$RI + L\frac{dI}{dt} + \frac{Q}{C} = V, \quad I = \frac{dQ}{dt} \tag{4.0.11}$$

という微分方程式で表される ▶4.11 節．この式の両辺に
$I = \dfrac{dQ}{dt}$ を掛けると

$$RI^2 + \frac{d}{dt}\left(\frac{L}{2}I^2 + \frac{Q^2}{2C}\right) = VI \tag{4.0.12}$$

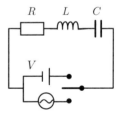

図 4.0.3　RLC 直列回路

[*5] ファラデー（1791–1867）に由来する．
[*6] ヘンリー（1797–1878）に由来する．
[*7] 本書では，交流電流を直流電流に変換する整流回路問題 ▶4.3 節，発光ダイオード問題 ▶4.4 節 で詳
しく取り上げる．

と書き換えられる。これを積分してエネルギー保存則が得られる。

$$\int_0^t RI^2 \, dt + \frac{L}{2}\left(I^2 - I_0{}^2\right) + \frac{(Q^2 - Q_0{}^2)}{2C} = \int_0^t VI \, dt \tag{4.0.13}$$

ここで，I_0, Q_0 は $t = 0$ における電流 I と電荷 Q を表す。

式 (4.0.12) の右辺に現れる

$$P = VI \tag{4.0.14}$$

の量は，電源から単位時間に供給されるエネルギーで，**電力**と呼ばれる。電力の単位は仕事率と同じ〔W〕（ワット）である。

2. 電 場 と 磁 場

■**静電気力（クーロン力）** ★☆☆
電荷が置かれた周囲の空間は，電気的な力が作用する**電場**（電界）になる。

法則 4.2（真空におけるクーロンの法則）
　同符号の電荷間では斥力が，異符号の電荷間は引力がはたらく。この力を**静電気力**（クーロン力）といい，その大きさ F〔N〕は，それぞれ電気量 q〔C〕と Q〔C〕の 2 つの電荷が距離 r〔m〕だけ離れているとき，

$$F = k_0 \frac{qQ}{r^2} \tag{4.0.15}$$

である。k_0 は定数で，$k_0 = 9.0 \times 10^9$ N·m²/C² である。

■**ガウスの法則** ★☆☆
　電場中に置かれた正の電荷（試験電荷）q〔C〕に静電気力 $\vec{F}$ が作用するとき，電場 $\vec{E}$ を

$$\vec{F} = q\vec{E} \tag{4.0.16}$$

で定義する。電場の向きに線をつないだもの（向きをもつ）を**電気力線**という。

　電気力線は，電場が強いほど密になるようにし，電場の強さが E〔N/C〕のところでは，電場に垂直な単位面積を E 本の電気力線が貫くものとする。正電荷 Q〔C〕が作る電場を，正電荷を中心とする半径 r の球面上で考えると，その大きさは，$E = k_0 \dfrac{Q}{r^2}$ である。正電荷の出す電気力線の本数 N は，球の表面積が $4\pi r^2$ であることから，$N = k_0 \dfrac{Q}{r^2} \times 4\pi r^2 = 4\pi k_0 Q$ 本になる。この関係は，球を仮定しなくても，一般的な閉曲面で成り立つ。それが次のガウスの法則である [*8]。

[*8] 本書では，平面上に分布する電荷 ▶4.6節，球面上に分布する電荷 ▶4.7節，一様電場中の球面に分布する電荷 ▶4.8節，点電荷が球面に誘導する電荷 ▶5.6節 を扱っている。

> **法則 4.3 (ガウスの法則)**
>
>   正電荷 Q [C] を囲む任意の閉曲面を外向きに貫く電気力線の本数 N は,
>
> $$N = 4\pi k_0 Q \qquad (4.0.17)$$
>
> である. ただし, 閉曲面を内向きに貫く場合は, 本数 N は負とする.

■ 磁気力の大きさ・磁束密度   ★☆☆

  N 極と S 極の磁極の間にはたらく磁気力の大きさにも, 静電気力や万有引力と同じ形の関係が成り立つ.

  磁気量 m_1 [Wb] (ウェーバー) [*9] と m_2 [Wb] を帯びた 2 つの磁極が距離 r [m] だけ離れているとき, 両者の間には磁気力 F [N] がはたらく. 同種の磁極間では斥力に, 異種の磁極間では引力になり, その大きさはクーロンの静電気力と同じ形で表せて, 真空中では

$$F = k_m \frac{m_1 m_2}{r^2} \qquad (4.0.18)$$

である. k_m は定数で, $k_m = 6.33 \times 10^4$ N·m^2/Wb^2 である.

  N 極から S 極へ磁気力がはたらく向きに**磁力線**を描く. 磁気量の大きさを**磁束** Φ [Wb] と呼び, 単位面積当たりの磁力線の数を**磁束密度** B [Wb/m^2] とする. 磁束密度の単位は [T] (テスラ [*10]), あるいはその 1/10000 の [G] (ガウス) である. (1 T $= 10^4$ G) すなわち,

$$\Phi = BS \quad (磁束) [Wb] = (磁束密度) [T] \times (面積) [m^2] \qquad (4.0.19)$$

[T] $=$ [Wb/m^2] である [*11].

  磁力線は電気力線と対応するが, 実際には, 磁気単磁極は取り出せないため, 静電気力のように磁気力を扱うことはできない. そこで, 磁束密度をベクトル $\vec{B}$ として扱い, 大きさ B [Wb/m^2] のところでは B 本の**磁束線**を考える. 磁束線は折れ曲がったり交わったりせず, ループ状になる.

  磁場の強さ H (あるいは**磁場ベクトル** $\vec{H}$) は, 磁束密度がどのような物質中にあるかで決まる. μ を**透磁率**といい,

$$\vec{B} = \mu \vec{H} \quad (磁束密度) [T] = (透磁率) [N/A^2] \times (磁場) [A/m] \qquad (4.0.20)$$

の関係がある. 真空の透磁率 μ_0 は, $\mu_0 = 1.26 \times 10^{-6}$ N/A^2 である. なお先の k_m は,
$k_m = \dfrac{1}{4\pi\mu_0}$ とも表される [*12]. 空気中の透磁率は真空の透磁率とほぼ等しい. 物質中で磁化が生じれば透磁率は異なってくる.

[*9] ウェーバー (1804–91) に由来する.

[*10] テスラ (1856–1943) に由来する.

[*11] 単磁極が存在すれば, 1 Wb にはたらく力として磁場を定義できるので, 磁場の強さを表す単位は [N/Wb] である. [A/m] $=$ [N/Wb] が成り立つ.

[*12] μ_0 の単位は N/A^2 としたが, Wb^2/Nm^2 でもよい.

磁場 $\vec{H}$ 中に磁荷 q があると，磁力 $\vec{F}$ を受ける．その関係は

$$\vec{F} = q\vec{H} \quad (磁力)〔N〕 = (磁荷)〔Wb〕 \times (磁場)〔N/Wb〕 \tag{4.0.21}$$

3. 電場と磁場の相互作用

電気と磁気は相互に作用を及ぼす．

1 電流のまわりに磁場が発生する．

法則 4.4（アンペールの法則）

直線状の導線に直流電流を流すと，そのまわりの空間に同心円状の磁場が生じる．磁場の向きは「電流の流れる方向に右ねじを進ませたときの，ねじの回転の向き」と同じになる（図4.0.4）．生じる磁場の強さ H〔A/m〕は，直線に流れる電流 I〔A〕から距離 r〔m〕の位置で

$$H = \frac{I}{2\pi r} \tag{4.0.22}$$

である．

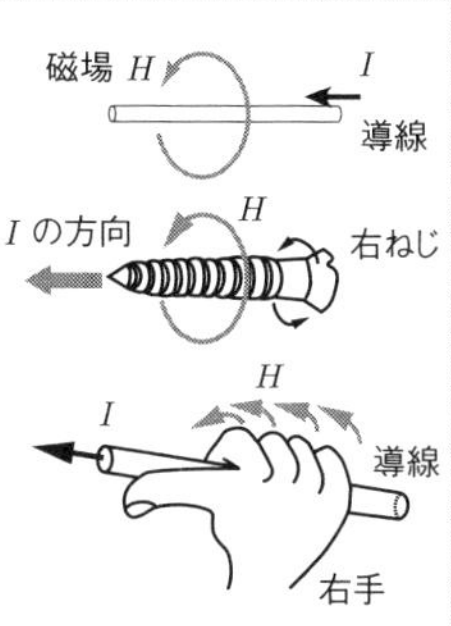

図 4.0.4 右ねじの法則

磁場の向きとは，方位磁針を置いたときに N 極が向く向き，「電流の向きに右手の親指を向けたとき，親指以外の 4 本の指が巻く向き」と表現してもよい．

アンペールの法則は，ビオ・サヴァールの法則 ▶4.9節 を積分したものである．半径 r の円形コイルに大きさ I の電流があるとき，その中心で生じる磁場の大きさ H は

$$H = \frac{I}{2r}, \quad B = \mu_0 \frac{I}{2r} \tag{4.0.23}$$

になる．また，単位長さ当たり n 巻きのコイルに大きさ I の電流が流れるとき，その内部に生じる磁場の大きさ H は

$$H = nI, \quad B = \mu_0 nI \tag{4.0.24}$$

になることも導くことができる．

2 電流は，磁場から力を受ける．

法則 4.5（ローレンツ力・フレミングの左手の法則）

　磁場の中に置かれた電流（導線または荷電粒子の動き）は，磁場から力を受ける．この力をローレンツ力という．

ローレンツ力の向きはフレミングの左手の法則で表される（図 4.0.5）．左手の 3 本の指を広げて，人差し指を磁場 B の向き，中指を電流 I の向きとしたとき，親指の向きが導線が受ける力 F の向きである．

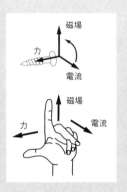

図 4.0.5　フレミングの左手の法則

　ローレンツ力 F は静電気力とは別の力である．フレミングの左手の法則は，親指から順に FBI として覚えておくとよい．「電流の向きから磁場の向きに右ねじを回すと，ねじが進む方向」として説明されることも多い．

- ローレンツ力の大きさ F は，磁束密度を B〔T〕，電流を I〔A〕，磁場中の導線の長さを ℓ〔m〕，磁場と電流のなす角度を θ として，次式になる．

$$F = IB\ell \sin\theta, \quad \text{ベクトルの外積 ▶第 1 巻付録 A.1 を使うと} \quad \vec{F} = \ell \vec{I} \times \vec{B}$$
$$(4.0.25)$$

- 質量 m，電荷 q の粒子が磁束密度 B の領域を速度 v で動くとき，粒子はフレミングの左手の法則で決まる向きに，

$$F = qvB \sin\theta, \quad \text{ベクトルの外積を使うと} \quad \vec{F} = q\vec{v} \times \vec{B} \qquad (4.0.26)$$

の力を受ける．ここで，θ は，磁場の向きと粒子の運動の向きのなす角度である．

3 磁束の変化が起電力を生じさせる.

法則 4.6 (ファラデーの電磁誘導の法則・レンツの法則)
閉回路 (閉じた電気回路, またはコイル断面) を貫く磁束が変化すると, 回路には起電力が生じる. この現象を**電磁誘導**と呼び, 発生する起電力を**誘導起電力**, 回路に流れる電流を**誘導電流**と呼ぶ (ファラデーの電磁誘導の法則).
誘導起電力の向きは, 回路を貫く磁束の変化を打ち消すように誘導電流が流れる向きである (レンツの法則; 図 4.0.6).

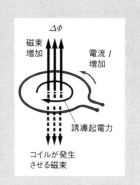

図 4.0.6 誘導起電力の向き

ファラデーの発見した現象は, いわば「磁束に対する慣性の法則」といえる. 磁束の増減が発生すると, 磁束の数の現状を保とうと, 閉回路が電流を流してその変化を抑えようと反対する. 誘導電流が流れる向きを公式的に述べているのがレンツの法則である.
誘導起電力の大きさ V 〔V〕は, 磁束 Φ 〔Wb〕の時間 Δt 内の変化量 $\Delta\Phi$ を用いて

$$V = -N\frac{\Delta\Phi}{\Delta t} \tag{4.0.27}$$

で与えられる. N はコイルの巻き数であり, 右辺のマイナスは磁束の増減に反対する向きに起電力が発生することを示す.
電磁誘導の法則は, 発電の原理である. 火力発電, 水力発電, 原子力発電はいずれもタービンを回すことにより, 磁場中で閉回路を回転させて起電力を得ている.

● ● ●

電磁気学の法則は, マクスウェルによって 4 本の式にまとめられた. 電荷の保存則・単磁荷 (孤立した N 極または S 極) が存在しないこと, 電場の時間変化で引き起こされる現象, 磁場の時間変化で引き起こされる現象の 4 つの式である. マクスウェル方程式 ▶付録 B.3 は, 電場と磁場が互いに作用しながら光速で伝わる波 (電磁波) の存在を予言し, 後にヘルツによって実際に発見された. また, マクスウェル方程式に登場する光速 c の意味についての解釈から特殊相対性理論が生まれた ▶第 3 巻 7.0 節 .

4.1 合 成 抵 抗 値

■ 立方体で抵抗を組む　　　　　　　　　　　　　　　　　　★☆☆

　抵抗を直列につなぐときと並列につなぐときの合成抵抗の式は，よく知られている．より複雑になる場合は，キルヒホッフの法則を使って解くことができる．

問題 4.1.1

　図 4.1.1 のように，抵抗値 r〔Ω〕の 12 本の抵抗を使って立方体の回路を作った．
(1) 点 a と点 g を両端とするとき，全体の抵抗値 R_{ag} はいくらか．
(2) 点 a と点 b を両端とするとき，全体の抵抗値 R_{ab} はいくらか．
(3) 点 a と点 c を両端とするとき，全体の抵抗値 R_{ac} はいくらか．

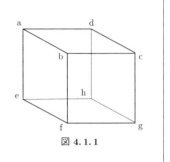

図 4.1.1

▶ **解**

(1) 対称性が高いので，簡単に解ける．点 a から出る 3 本の電流の大きさを I とすると，図 4.1.2 のように，各辺を流れる電流を設定することができる．点 a から点 g への最短経路 1 本に注目すると，電圧降下は，

$$V_{ag} = rI + r\frac{I}{2} + rI = \frac{5}{2}rI$$

実際には点 a から点 g までは，全体で $3I$ の電流が流れるので，

$$V_{ag} = \frac{5}{6}r \cdot 3I$$

と書くと，全抵抗値 R_{ag} は，$R_{ag} = \frac{5}{6}r$ となる．

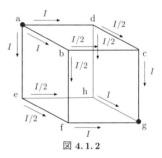

図 4.1.2

(2) 経路 aefb と経路 adcb は対称である．点 a から出る 3 本の電流の大きさを図 4.1.3 のように I_1 と I_2 としよう．点 b に入り込む電流も同じ大きさになる．残りの辺を流れる電流の向きを先に仮定し，電流の大きさを書き入れると図 4.1.3 のようになる．閉回路 abcda と，閉回路 efghe について，電位差の合計の式を表すと，

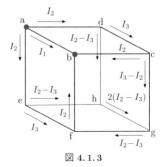

図 4.1.3

$$0 = rI_1 - rI_2 - rI_3 - rI_2$$

$$0 = rI_3 - r(I_2 - I_3) - r \cdot 2(I_2 - I_3) - r(I_2 - I_3)$$

となる．これらより，$I_1 : I_2 : I_3 = 14 : 5 : 4$ であることがわかる．全体で流れる電流は $I_1 + 2I_2 = \dfrac{12}{7}I_1$ であり，ab 間の電位差は $V_{\mathrm{ab}} = rI_1$ である．したがって，$V_{\mathrm{ab}} = \dfrac{7}{12}r \cdot \dfrac{12}{7}I_1$ と書き直して，全抵抗値 R_{ab} は，$R_{\mathrm{ab}} = \dfrac{7}{12}r$ となる．

(3) 経路 abc と経路 adc は対称である．また，経路 aefgc と経路 aehgc も対称である．点 b と点 f（同様に点 d と点 h）は等電位となるので，この間に電流は流れない．電流の向きを先に仮定し，電流の大きさを書き入れると図 4.1.4 のようになる．経路 abc では，$V_{\mathrm{ac}} = 2rI_1$．経路 aefgc では，$V_{\mathrm{ac}} = 3rI_2$．したがって，$I_2 = 2I_1/3$．ac 間を流れる全電流は $2I_1 + I_2 = 8I_1/3$ なので，$V_{\mathrm{ac}} = 2r\dfrac{3}{8} \cdot \dfrac{8}{3}I_1$ と書けることから，全抵抗値 R_{ac} は，$R_{\mathrm{ac}} = \dfrac{3}{4}r$ となる． □

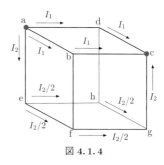

図 4.1.4

3つの場合を比較すると，$R_{\mathrm{ab}} < R_{\mathrm{ac}} < R_{\mathrm{ag}}$ である．入口と出口の最短経路が長くなるほど，全抵抗は大きくなる．

■ はしご型回路 ★★☆

次の問題は，はしご型回路として，電気回路の分野では有名な問題である．数列の漸化式問題になるのだが，まずは個数が無限大の極限を考える簡単な形で解いてみよう．

問題 4.1.2
発電所から各家庭に送電する状況を，図 4.1.5 のような無限に続く「はしご型回路」で考えてみよう．

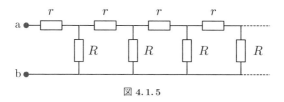

図 4.1.5

(4) 図 4.1.6 のように，抵抗値 r と R の抵抗
を 1 つずつ組み合わせた回路の ab 間の全
抵抗 R_{ab} を求めよ．

(5) 図 4.1.7 のように，n 個のはしご型回路
（抵抗値 R_n）にさらに 1 つ追加した場合を
考え，$(n+1)$ 個のはしご型回路の全抵抗
R_{n+1} を求めよ．

(6) 図 4.1.5 のように，はしご型を無限個連結
していくとき，回路の ab 間の全抵抗 R_∞
を求めよ．

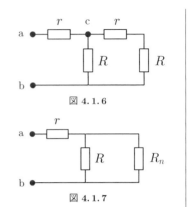

図 4.1.6

図 4.1.7

▶ 解

(4) bc 間の合成抵抗 R_{bc} は，$\dfrac{1}{R_{bc}} = \dfrac{1}{R} + \dfrac{1}{R+r}$ より，$R_{bc} = \dfrac{R(R+r)}{2R+r}$. したがって，

$$R_{ab} = r + R_{bc} = \frac{R^2 + 3Rr + r^2}{2R+r}.$$

(5)

$$R_{n+1} = r + \frac{RR_n}{R_n + R} \tag{4.1.1}$$

(6) 無限個つながれたとき，その値が収束したとして，$R_n = R_{n+1} = R_\infty$ とすると，
$R_\infty = r + \dfrac{RR_\infty}{R_\infty + R}$ となるので，

$$R_\infty^2 - rR_\infty - rR = 0 \tag{4.1.2}$$

の 2 次方程式を解くことになる．これを解くと

$$R_\infty = \frac{r \pm \sqrt{r^2 + 4rR}}{2} \tag{4.1.3}$$

$R_\infty > 0$ より，$R_\infty = \dfrac{r + \sqrt{r^2 + 4rR}}{2}$. □

　上では無限個のはしごが続く場合を考えたが，式 (4.1.1) をみたす R_n の一般式はどう
なるだろうか．漸化式の解法 ▶第 1 巻付録 A.4 をヒントに考えてみよう．特性方程式は式
(4.1.2) で，その解は式 (4.1.3) となる．この 2 つの解をそれぞれ α, β としよう．

$$b_n = \frac{R_n - \beta}{R_n - \alpha} \tag{4.1.4}$$

とおくと（α, β はどちらの順でもよい），$\alpha + \beta = r, \alpha\beta = -rR$ を用いて

$$b_{n+1} = \frac{R_{n+1} - \beta}{R_{n+1} - \alpha} = \frac{r + \frac{RR_n}{R_n+R} - \beta}{r + \frac{RR_n}{R_n+R} - \alpha} = \frac{(R+r-\beta)R_n + R(r-\beta)}{(R+r-\alpha)R_n + R(r-\alpha)}$$

$$= \frac{(R+\alpha)R_n + R\alpha}{(R+\beta)R_n + R\beta} = \frac{R+\alpha}{R+\beta} \times \frac{R_n + \frac{R\alpha}{R+\alpha}}{R_n + \frac{R\beta}{R+\beta}} \tag{4.1.5}$$

となる. ここで,

$$\frac{R\alpha}{R+\alpha} = \frac{-\frac{\alpha\beta}{r}\alpha}{-\frac{\alpha\beta}{r}+\alpha} = -\frac{\alpha^2\beta}{-\alpha\beta + \alpha(\alpha+\beta)} = -\beta, \quad \frac{R\beta}{R+\beta} = -\alpha$$

であることから,

$$b_{n+1} = \frac{R+\alpha}{R+\beta}\,b_n \quad \Rightarrow \quad b_n = \left(\frac{R+\alpha}{R+\beta}\right)^{n-1} b_1$$

となる. $b_1 = \dfrac{R_1 - \beta}{R_1 - \alpha} = \dfrac{R+r-\beta}{R+r-\alpha} = \dfrac{R+\alpha}{R+\beta}$ より,

$$b_n = \left(\frac{R+\alpha}{R+\beta}\right)^n \tag{4.1.6}$$

と求められる. あとは, 式 (4.1.4) を逆に解いて

$$R_n = \frac{\alpha b_n - \beta}{b_n - 1} = \frac{\alpha\left(\frac{R+\alpha}{R+\beta}\right)^n - \beta}{\left(\frac{R+\alpha}{R+\beta}\right)^n - 1} = \frac{\alpha - \left(\frac{R+\beta}{R+\alpha}\right)^n \beta}{1 - \left(\frac{R+\beta}{R+\alpha}\right)^n}$$

と求められる. $n \to \infty$ の極限で (6) の結果と一致することが確かめられるだろう.

このはしご型回路は, ab 間を発電所の電位差として, 1 列に一様に並ぶ送電網としてイメージができる. それぞれの家が抵抗値 R の電気製品をもち, 送電線の抵抗値が r としたときに, n 軒の家が並んでいて, 発電所からみたときの全抵抗値はいくらか, という問題である. 具体的に $r = 1\,\Omega$, $R = 100\,\Omega$ とすると, $n \to \infty$ の極限値 R_∞ は, $R_\infty = 10.51\,\Omega$ になる. R_n をグラフにすると, 図 4.1.8 のようになる. $n = 10$ 程度で収束している.

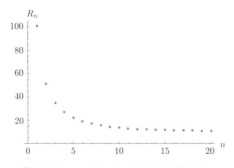

図 **4.1.8** $r = 1\,\Omega$, $R = 100\,\Omega$ のときの R_n

☕ Coffee Break 7 （学術論文が掲載されるまで）

現在の最先端の科学でも，多くの仮説が提案され，淘汰されてゆく．科学者の業績は，通常，論文として発表した内容で評価される．論文とはその専門分野の研究者が購読する学術雑誌に掲載された論文を意味している．つまり，単に「論文を書く」だけではダメで，「論文が掲載される」ことが重要なステップになる．

研究者が論文を仕上げ，専門誌に投稿すると，その編集者は，まずその内容がわかるであろう匿名の査読者にその論文を送付し，掲載に値するかどうかの判断を依頼する．これが，科学者が200 年以上守り続けているピア・レビュー（peer review）制度である．査読者は，内容の新規性（当然「世界で一番はじめに」報告されていること），論拠となる事実（実験や観測やシミュレーションの方法，結果の収集過程）や論理的な整合性，結果の妥当性，その雑誌として掲載にふさわしいかどうか，などをチェックし，論文として掲載すべきかどうかを判定する．その判定レポートは，投稿した著者に示され，反論や論文修正の機会が与えられるが，掲載不可と最終的に判定されれば，そこで終了となる．

もちろん，論文の内容が，本当に正しいかどうかは，後世の判断に委ねられることになる．明らかに間違った内容が査読で見過ごされることもあるし，論文出版時点では判定できないこともある．いずれも著者がその内容の責任をもつことになる．

査読でどのくらいの論文が選ばれるのかは，雑誌によって異なるが，科学全般を扱う "Nature"（イギリス）や "Science"（アメリカ）では，2〜3 割程度となっているようだ．よく，大学や研究所が「Nature に論文が掲載された」というような記者発表をすることがあるが，掲載されること自体が学者にとっても研究機関にとっても名誉なことだからである．

ちなみに，論文掲載料は著者の負担，査読者は無料奉仕が普通で，雑誌に論文が掲載されたとしてもまったく儲かるものではない．

4.2 デジタル・アナログ変換回路

■2進数   ★☆☆

デジタル化とは，連続的なデータを整数値で置き換えて表現することで，コンピュータ内の処理の基本である．素子中の電子の有無や状態などの区別から，0と1の情報判別を行い，それらを組み合わせて，すべての数値や文字を表現するのである．

2進数は「0」と「1」のみを使って数を表す記法で，バーコードや音声，映像のデジタル化など，コンピュータを用いる処理のあらゆる場面で使われている．10進数では，桁ごとに $10^0, 10^1, 10^2, \ldots$ の位となり，例えば

$$321 = 3 \times 10^2 + 2 \times 10^1 + 1 \times 10^0$$

となる．2進数では，桁ごとに $2^0, 2^1, 2^2, \ldots$ の位となり，例えば

$$011_{(2)} = 0 \times 2^2 + 1 \times 2^1 + 1 \times 2^0 = 3$$

となる．

デジタル化を行うことで，例えば連続する「0」や「1」をまとめて表現するなどして，読み書きや送受信の情報量を圧縮することができる．以下では，デジタル・アナログ変換を抵抗やコンデンサで行うモデルを考えてみよう．

問題 4.2.1

起電力が $4E$ の直流電源，抵抗値が R と $2R$ の2種類の抵抗を用いて，図 4.2.1 の回路を作った．回路中に用いる電流計，電圧計と電源の内部抵抗は，回路を流れる電流に影響しないものとする．

(1) 電源側からみた，この回路全体の合成抵抗を求めよ．

さらに，0側か1側のどちらかが ON になるスイッチ S_1, S_2 を用いて，図 4.2.2 のような回路を

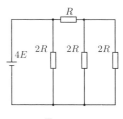

図 4.2.1

作った．2つのスイッチが0側か1側かに応じて電流計の示す値を表 4.2.1 に示す．

(2) 表 4.2.1 の空所を埋めよ．

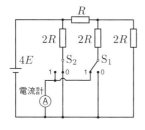

図 4.2.2 S_1 が 1，S_2 が 0 の状態

表 4.2.1

S_2	S_1	電流計の示す値
0	0	0
0	1	ア
1	0	イ
1	1	ウ

起電力が $8E$ の直流電源を用いて，同様に図 4.2.3 のような回路を作った．3 つの
スイッチが 0 側か 1 側かに応じて電流計の示す値を表 4.2.2 に示す．

(3) 表 4.2.2 の空所を埋めよ．

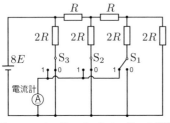

図 4.2.3　S_1 が 1, S_2 と S_3 が 0 の状態

表 4.2.2

S_3	S_2	S_1	電流計の示す値
0	0	0	0
0	0	1	エ
0	1	0	オ
0	1	1	$3\dfrac{E}{R}$
1	0	0	カ

　表 4.2.2 から，この回路は，2 進数で与えられるデータ $S_3S_2S_{1(2)}$ （例えば $011_{(2)}$）
を，電流の値に変換させることがわかる．

(4) 同様にして，4 桁の 2 進数データ $S_4S_3S_2S_{1(2)}$ を変換する回路を考えよ．

▶解

(1) R

(2) ア　$\dfrac{E}{R}$,　イ　$2\dfrac{E}{R}$,　ウ　$3\dfrac{E}{R}$

(3) エ　$\dfrac{E}{R}$,　オ　$2\dfrac{E}{R}$,　カ　$4\dfrac{E}{R}$

(4) 類推でわかると思うが，図 4.2.4 のようになる．　　　　　　　　　　　□

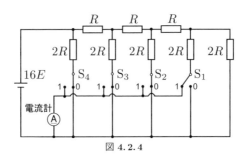

図 4.2.4

問題 4.2.2

　次に，起電力が $8E$ の直流電源，電気容量が同じ C のコンデンサ C_1, C_2, C_3, C_4 と
スイッチ S_1, S_2, S_3, S_4 を用意し，図 4.2.5 の回路を作った．

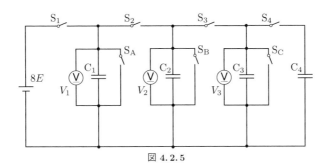

図 4.2.5

各コンデンサには，蓄えられた電荷を放電するスイッチ S_A, S_B, S_C と，両端の電位差を測る電圧計 V_1, V_2, V_3 がついている．次の操作を順に行う．

(a) はじめ，すべてのコンデンサには電荷はなく，すべてのスイッチは開いている状態にする．

(b) スイッチ S_1 を閉じ，十分に時間が過ぎた後に再び開く．

(c) スイッチ S_2 を閉じ，十分に時間が過ぎた後に再び開く．

(d) スイッチ S_3 を閉じ，十分に時間が過ぎた後に再び開く．

(e) スイッチ S_4 を閉じ，十分に時間が過ぎた後に再び開く．

(5) (b) の操作の後，C_1 に蓄えられる電気量と両端の電位差 V_1 を答えよ．

(6) (c) の操作の後，C_1 に蓄えられる電気量と両端の電位差 V_1 を答えよ．

(7) (d) の操作の後，C_2 に蓄えられる電気量と両端の電位差 V_2 を答えよ．

この回路では，(e) の操作の後，S_A, S_B, S_C を使って C_1, C_2, C_3 をそれぞれ完全に放電するかどうかにより，電圧計の示す値の和 $V_{123}(= V_1 + V_2 + V_3)$ を $\boxed{\text{キ}}$ 種類作ることができる．S_A, S_B, S_C それぞれで，スイッチを入れることを 0，そのままの状態に保つことを 1 とすれば，この回路も 2 進数データを電圧計の示す値の和 V_{123} に変換するはたらきをすることになる．

▶ 解

(5) 電気量 $8CE$，$V_1 = 8E$

(6) 電気量 $4CE$，$V_1 = 4E$

(7) 電気量 $2CE$，$V_2 = 2E$

キ 8 □

本問の題材は，2 進数のデータを実際の電流や電圧の大きさに対応させる回路である．デジタル化されている音楽のデータをスピーカーの物理的振動に変換するのも，原理的にはこのような変換回路を使う．興味がある人は，背景を調べてみるのもよいだろう．

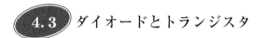

4.3 ダイオードとトランジスタ

■非線形抵抗   ★☆☆

抵抗値 R の抵抗に電圧 V を加えたときに流れる電流 I は，オームの法則 $V = IR$ に
よって決まる．しかし，抵抗の大きさは，温度などさまざまな要因による影響を受け，V
と I は，単純に直線の関係（比例）にはならない．この関係を電流電圧特性という．

問題 4.3.1

　銅やアルミニウムなどの金属（導体）の抵抗率は材質によっても温度によっても異
なる．温度が高くなると金属中のイオンの振動が激しくなるため，自由電子は移動し
にくくなり，抵抗率が大きくなる．例えば，白熱電球の場合，両端に加える電圧を高
くすると，フィラメントに流れる電流が増大し，│　ア　│が発生して温度が上昇する
ので，抵抗が大きくなる．

(1) 白熱電球の電流電圧特性（V–I グラフ）を図 4.3.1 より選べ．

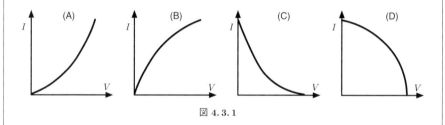

図 4.3.1

　シリコンやゲルマニウムなどの半導体でも，温度上昇とともにイオンの振動は激し
くなり，自由電子が移動しにくくなることは導体と同じであるが，導体とは逆に，温
度が上昇すると抵抗率が小さくなる．この理由は，半導体では，温度上昇によって自
由電子の数が急に│ イ │{ 増加する・減少する } ためである．

▶ **解**　　そもそも電流が流れる（自由電子が導体中を移動する）というのは，金属が共有
　　結合状態をもち，共有電子が移動していくことである．電子の移動がなんらかの要因
　　によって妨げられるのであれば，それが抵抗となる．

(1) 問題文にあるように，電子が移動すれば導体を構成する分子（原子）に衝突し，運動
　　エネルギーが熱エネルギー（分子の振動のエネルギー）に変換されることもある．こ
　　れが，ジュール熱ァである．したがって，白熱電球の場合，電圧が大きいと抵抗が大
　　きくなるので，流れる電流の増加分が次第に少なくなっていく．したがって，(1) は，
　　(B) である．

　　　周期表で第 14 族元素に分類される炭素（$_6$C），シリコン（ケイ素，$_{14}$Si），ゲルマ
　　ニウム（$_{32}$Ge）は，共有結合する性質が強い．

問題文で言及された「温度が上昇すると抵抗率が小さくなる」という事実から，自由電子が 増加する_ィ と考えざるをえない. □

■ダイオード   ★☆☆

Si は最外殻電子軌道に 4 つの価電子を有している．Si の結晶の中にわずかな量のインジウム（$_{49}$In，第 13 族）を混入させると，In 原子は 3 個の価電子しかないために，電子が 1 つ不足する結晶になる．そのため，電気的にはプラス（positive）の性質をもつものが電気を伝える（キャリアになる）．このような物質を p 型半導体と呼ぶ．一方，Si 結晶の中に 5 価のヒ素（$_{33}$As，第 15 族）を混入させると，電子が過剰になり，キャリアはマイナス（negative）の電荷をもつ電子になる．これを n 型半導体と呼ぶ．

問題 4.3.2

　ダイオードと呼ばれる半導体素子は，p 型半導体と n 型半導体を接合して作られたもので，電気を一方向にのみ流れやすくする性質をもつ．p 型半導体で電気を伝える役割をするのは ウ と呼ばれる．n 型半導体では一部に過剰となる自由電子である．図 4.3.2 はダイオード記号で，矢印は電流の流れやすい方向（順方向）を示す．順方向は，エ {p 型半導体から n 型半導体の・n 型半導体から p 型半導体の } 向きになる.

順方向

図 4.3.2

▶ 解

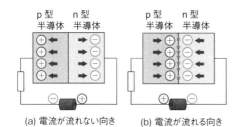

(a) 電流が流れない向き　(b) 電流が流れる向き

図 4.3.3

　p 型半導体のキャリアは，空孔（ホール）_ゥ と呼ばれる．図 4.3.3 に示すように，pn 接合された構造では，p 型半導体から n 型半導体の_ェ 向きに電流が流れることになる．ダイオードの名前の由来は，2 つの（di）電極（electrode）である.

□

問題 4.3.3

　図 4.3.4 のような電流電圧特性をもつダイオードを考えよう．なお，図 4.3.4 は，次の式を描いたものである（問題を解くときには，この曲線の式を具体的に使わなくてもよい）.

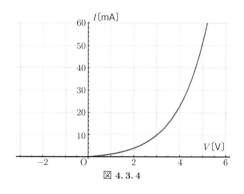

図 4.3.4

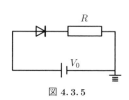

図 4.3.5

$$I = \begin{cases} 0 & (V < 0) \\ e^{0.791V} - 1 \, \text{mA} & (V \geqq 0) \end{cases}$$

(2) 図 4.3.5 のような，起電力 V_0〔V〕の直流電源と，R〔Ω〕（温度によらず一定値とする）の抵抗と，ダイオードを直列に組んだ回路を考える．ダイオードの両端の電位差（電圧）を V として，回路に流れる電流の大きさ I〔A〕を求めよ．

(3) 図 4.3.5 の回路で，$V_0 = 5\,\text{V}$, $R = 100\,\Omega$ とする．回路に流れる電流の大きさを図 4.3.4 を用いて求めよ．

(4) 次に，電源を置き換えた図 4.3.6 の回路で，図 4.3.7 に示すような時間変化をする波形の起電力 V_1〔V〕を加えた．図 4.3.7 の正の起電力は，ダイオードの順方向の向きである．回路に流れる電流の時間変化 $I_1(t)$ を図示せよ．

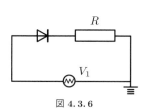

図 4.3.6

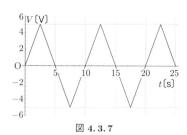

図 4.3.7

▶解

(2) $I = \dfrac{V_0 - V}{R}$

(3) $I = \dfrac{5 - V}{100}$〔A〕$= 50 - 10V$〔mA〕

のグラフを図 4.3.4 に書き込んで交点を求める（図 4.3.8）と, $(V, I) = (3.50, 14.97)$ を得る. したがって 15 mA.

(4) 最大電流は, (3) で求めた 15 mA になる. $V_1 \geqq 0$ のときのみ電流が流れるので, 電流のグラフは図 4.3.9 のようになる（グラフでは, 電流の時間変化が指数関数であることを概念的に示している）. □

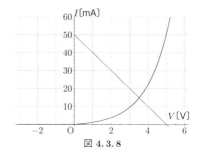

図 4.3.8

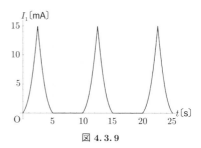

図 4.3.9

問題 4.3.4

前問のダイオードを 4 つ用いて図 4.3.10 に示す回路を作成し, 図 4.3.7 で示す波形の起電力を加えた. 回路中の抵抗（$R = 100\,\Omega$）に流れる電流の時間変化 $I_2(t)$ を図示せよ. ただし, 抵抗の a から b へ流れる向きを正とする.

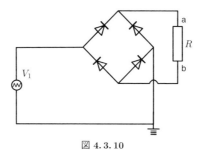

図 4.3.10

▶解　　ダイオードの向きに注意すると，こ
の回路では 2 つのダイオードに電流が流
れることから，

$$I = \frac{5 - 2V}{100}\,[A] = 50 - 20V\,[mA]$$

となる．この式のグラフを図 4.3.4 に
書き込んで交点を求めると（図 4.3.11），
$(V, I) = (2.25, 4.94)$ を得るので，最大
電流は 5 mA.

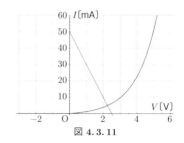

図 4.3.11

　　抵抗には常に a から b の向きに電流
が流れる．電流のグラフは図 4.3.12 の
ようになる．　　　　　　　　　□

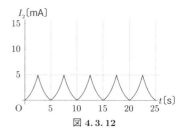

図 4.3.12

図 4.3.10 で示した回路は，ブリッジ型整
流回路と呼ばれる．交流電流を一方向にだけ
流すことができる（直流電流に変換する）回
路である．身のまわりの電気製品には，家庭
用コンセント（交流）につないでも乾電池（直流）でもどちらでも動くものが多数ある．こ
れは，それらの電気製品が内部にこのような整流回路をもっているからである．

■ トランジスタ　　　　　　　　　　　　　　　　　　　　　　　　★★☆

p 型半導体と n 型半導体を組み合わせて，pnp あるいは npn で接合し，それぞれに電極
を取り付けたものをトランジスタと呼ぶ．ここで中央の半導体層は非常に薄く，中央層を
越えて電流が流れる構造にしておく．トランジスタは，微小な電流変化を大きな電流変化
に増幅させる素子になる．この原理を考えてみよう．

問題 4.3.5

　　図 4.3.13 は，npn 型のトランジスタで
ある．各層に接続された電極を図のように
B, C, E とする．電極 BE 間に電流が流れ
るように，直流電源 V_1 と抵抗値 R_1 の抵抗
をつないだ閉回路を作る．また，CE 間をつ
なぎ，直流電源 V_2 と抵抗値 R_2 をつないだ
閉回路を作る．

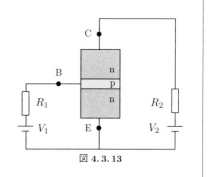

図 4.3.13

　　電極 BE 間では E（n 型）から B（p 型）
に向かって電子が移動するが，p 型の層が
薄いと，そのまま電極 C へも多くの電子が
向かう．したがって，この回路は図 4.3.14

のように考えることができる. 電極 B, 電極
C へ流れ込む電流の大きさをそれぞれ I_B, I_C
とする. トランジスタの特性によって,

$$I_C = hI_B$$

の決まった関係が得られる（h は 20～1000
倍程度となる）. BE 間・CB 間の電位差は
素材によって決まり, ここでは V_0 とする.
図中のダイオードの抵抗は考えないものと
する.

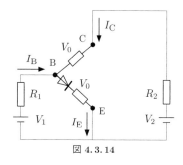

図 4.3.14

(5) それぞれの閉回路における電圧降下の関係式（キルヒホッフの閉回路の式）を示せ.

(6) 2 つの閉回路の式から, V_0 を消去し, I_C を I_B を用いずに表せ.

いま, V_1 が変化して, $V_1 + \Delta V_1$ になり, それに応じて電流 I_B が $I_B + \Delta I_B$ に,
電流 I_C は $I_C + \Delta I_C$ に変化した. 他の電源や抵抗値および V_0 の値は変わらないも
のとする.

(7) 電流 I_B の増加率 $\Delta I_B/I_B$ を $V_1, V_2, \Delta V_1$ のみを用いて表せ.

わずかな電流変化 ΔI_B に対しても, $\Delta I_C = h\Delta I_B$ である. したがって, トランジ
スタを通じて大きな電流変化 ΔI_C を得ることができる. ただし, I_C の大きさは, 電源
V_2 によって得られていることから上限値も存在することに注意しなければならない.

▶解

(5) キルヒホッフの閉回路の式を適用すると,

$$V_1 = I_B R_1 + V_0 \tag{4.3.1}$$

$$V_2 = I_C R_2 + 2V_0 = hI_B R_2 + 2V_0 \tag{4.3.2}$$

となる.

(6) V_0 を消去すると, $V_2 - 2V_1 = I_B(hR_2 - 2R_1)$ となるから,

$$I_B = \frac{V_2 - 2V_1}{hR_2 - 2R_1}, \qquad \text{したがって} \qquad I_C = hI_B = \frac{h(V_2 - 2V_1)}{hR_2 - 2R_1} \tag{4.3.3}$$

(7) 式 (4.3.3) に対応する変化後の式は,

$$I_B + \Delta I_B = \frac{V_2 - 2(V_1 + \Delta V_1)}{hR_2 - 2R_1}, \quad I_C + \Delta I_C = \frac{h(V_2 - 2(V_1 + \Delta V_1))}{hR_2 - 2R_1} \tag{4.3.4}$$

となるので, 式 (4.3.3) との差をとることにより,

$$\Delta I_B = \frac{-2\Delta V_1}{hR_2 - 2R_1}, \quad \Delta I_C = h\Delta I_B = \frac{-2h\Delta V_1}{hR_2 - 2R_1}$$

したがって

$$\frac{\Delta I_B}{I_B} = \frac{-2\Delta V_1}{V_2 - 2V_1} \tag{4.3.5}$$

なお, 電流 I_C の増加率もこの値に等しい. □

　電極 B, C, E は，それぞれベース，コネクタ，エミッタと呼ばれる．電気回路としては，図 4.3.15 のような記号が割り当てられている．電流の増幅は，テレビやラジオ，携帯電話などの電波受信後にわずかな電流変化を拡大させるために必須の要素である．

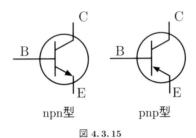

図 4.3.15

4.4 発光ダイオード

■ 発光ダイオードの電流電圧特性 ★☆☆

青色の発光ダイオード（LED）が発明され，赤・緑・青（RGB）の光の3原色のダイオードがそろったことにより，省電力で高輝度なフルカラーの大型ディスプレイが可能になった．ダイオードを用いる回路では，ダイオードの電流電圧特性があることのほか，順方向に電流が流れるための閾値があること，あまりに大きな電位差が加わるとダイオードが壊れてしまうことなども考えておかなければならない．

問題 4.4.1

最近では高輝度なフルカラーの大型ディスプレイが街のいたるところで見られている．これは赤・緑・青の光の3原色の発光ダイオード（LED）を使い，これらの発光色を足し合わせることによって実現される．

図 4.4.1 の電流電圧特性をもつ3つの LED①，②，③を考えよう．それぞれの特性は，簡単のため直線で表されていて，次式で与えられるとする．

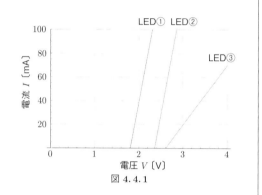

図 4.4.1

$$\text{LED①} : I_{①}\,[\text{A}] = \begin{cases} 0.20(V - 1.80) & V \geqq 1.80\,\text{V} \\ 0 & V < 1.80\,\text{V} \end{cases}$$

$$\text{LED②} : I_{②}\,[\text{A}] = \begin{cases} 0.20(V - 2.35) & V \geqq 2.35\,\text{V} \\ 0 & V < 2.35\,\text{V} \end{cases}$$

$$\text{LED③} : I_{③}\,[\text{A}] = \begin{cases} 0.05(V - 2.60) & V \geqq 2.60\,\text{V} \\ 0 & V < 2.60\,\text{V} \end{cases}$$

ここでは電流が流れれば LED が発光し，その発光強度は種類によらず，消費電力に比例するものとする．ただし，LED に加えることができる電圧は4V までとし，それを超えると LED が壊れてしまう．

(1) LED から放出される光の波長 λ は，図
4.4.1 の電流が流れ始める電圧 E_g〔V〕に
反比例し，

$$\lambda = \frac{1240}{E_g} \times 10^{-9} \,\text{〔m〕}$$

で与えられる．LED①，②，③それぞれ
は，何色の光を放つか．右の表 4.4.1 によ
る色の波長分類を用いて答えよ．

表 4.4.1

色	波長（〔$\times 10^{-7}$m〕）
赤	6.1～7.7
橙	5.9～6.1
黄	5.6～5.9
緑	5.0～5.6
青	4.6～5.0
藍	4.3～4.6
紫	3.8～4.3

図 4.4.2 は 3 個の LED を起電力 E の電池
と抵抗値 R_1, R_2, R_3 の 3 個の抵抗を並列につ
ないだ電気回路である．ここで電池の内部抵抗
は考えないものとする．LED ①，②，③の両
端にかかる電圧をそれぞれ V_1, V_2, V_3，流れる
電流をそれぞれ I_1, I_2, I_3 とする．スイッチ S_1，
S_2, S_3 はすべて閉じる.

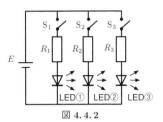

図 4.4.2

(2) E を I_1 と V_1 と R_1 を用いて表せ．

次に $E = 4.0\,\text{V}$，$R_1 = R_2 = R_3 = 50\,\Omega$ とする．

(3) LED①，②，③に流れる電流を求めよ．
(4) LED①，②，③の消費電力を求めよ．
(5) LED①，②，③の 3 つの光を合わせるとど
のような色になるか．図 4.4.3 を参考に答
えよ．

3 つの光を合わせて，白い色を作りたい．$E =$
4.0 V，$R_3 = 50\,\Omega$ は変えない．

(6) R_1, R_2 の大きさをどのようにすればよいか．
(7) この設定で S_1 を開いた．LED ②，③の 2 つの光を合わせるとどのような色に
なるか．

図 4.4.3 色の名前

▶解

(1) 電流が流れ始める電圧は，LED①，②，③それぞれに対して 1.80 V, 2.35 V, 2.60 V
であるから，

$$\lambda_① = \frac{1240}{1.80} \times 10^{-9}\,\text{m} = 6.89 \times 10^{-7}\,\text{m} \quad \text{ゆえに赤色}$$

$$\lambda_② = \frac{1240}{2.35} \times 10^{-9}\,\text{m} = 5.28 \times 10^{-7}\,\text{m} \quad \text{ゆえに緑色}$$

$$\lambda_③ = \frac{1240}{2.60} \times 10^{-9}\,\text{m} = 4.77 \times 10^{-7}\,\text{m} \quad \text{ゆえに青色}$$

(2) $E = R_1 I_1 + V_1$　（同様に，$E = R_2 I_2 + V_2, E = R_3 I_3 + V_3$ が成り立つ）.

(3) LED①, ②, ③ それぞれについて, $4 = 50I_i + V_i$ $(i = 1, 2, 3)$ より,

$$I_i = -\frac{1}{50}V_i + 0.08\,[\text{A}]$$

の関係がある.

　これを図 4.4.1 に書き入れると, 図 4.4.4 のようになる. それぞれの LED の特性曲線との交点を求めると,

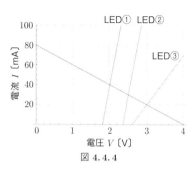

図 4.4.4

LED① : $(I, V) = (40\,\text{mA}, 2.0\,\text{V})$

LED② : $(I, V) = (30\,\text{mA}, 2.5\,\text{V})$

LED③ : $(I, V) = (20\,\text{mA}, 3.0\,\text{V})$

(4) LED① : $I \cdot V = 40\,\text{mA} \cdot 2.0\,\text{V} = 80\,\text{mW}$

LED② : $I \cdot V = 30\,\text{mA} \cdot 2.5\,\text{V} = 75\,\text{mW}$

LED③ : $I \cdot V = 20\,\text{mA} \cdot 3.0\,\text{V} = 60\,\text{mW}$

(5) 3 つとも同じ消費電力であれば合成されて白色になるはずである. しかし 3 つともほぼ同じだが, ①＞②＞③ の順なので, 白に近いが, 若干赤と緑が合成されて, 薄い赤橙色になると考えられる.

(6) LED① と ② の消費電力を LED③ と同じ 60 mW になるように, 抵抗値を調整すればよい.

　① : 特性曲線と $IV = 60\,\text{mW}$ との交点を求めると, $(I, V) = (30.7\,\text{mA}, 1.95\,\text{V})$. この点を通るように, 回路の式（(2) で求めた式）$4\,\text{V} = 0.0307R_1 + 1.95$ を解くと, $R_1 = 66.8\,\Omega$.

　② : 同様に, 特性曲線と $IV = 60\,\text{mW}$ との交点を求めると, $(I, V) = (30.57\,\text{mA}, 2.47\,\text{V})$. 回路の式 $4\,\text{V} = 0.0306R_2 + 2.47$ を解くと, $R_2 = 50\,\Omega$.

(7) 緑と青が同じ強さで合成されるので, 青緑あるいはシアンに近い色になる. □

問題 4.4.2

　図 4.4.5 のように LED①, ②, ③ を直列に接続し, 電池を 9.0 V にした. また, 抵抗は LED が壊れないように取り付けた.

(8) LED が壊れないための抵抗値 r の最小値を求めよ.

(9) $r = 82.5\,\Omega$ のとき, 回路を流れる電流を求めよ.

(10) (9) のとき, LED①, ②, ③ の 3 つの光を合わせるとどのような色になるか.

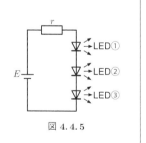

図 4.4.5

▶ 解

(8) LED の耐電圧は 4 V なので, 最も壊れやすいのは, LED③ である. 図 4.4.1 より, 通電時の LED③ には $I_{\max} = 70\,\text{mA}$ 以下の電流しか流してはならない. 流れる電流が $I_{\max}$ のとき, 回路一周の電位差の式は

$$9 = rI_{\max} + V_1 + V_2 + V_3$$

$$= rI_{\max} + \left(\frac{I_{\max}}{0.20} + 1.80\right) + \left(\frac{I_{\max}}{0.20} + 2.35\right) + \left(\frac{I_{\max}}{0.05} + 2.60\right)$$

$$= (r + 5 + 5 + 20)\,I_{\max} + 1.80 + 2.35 + 2.60$$

$$= (r + 30)I_{\max} + 6.75$$

ゆえに $r = \dfrac{9 - 6.75}{70 \times 10^{-3}} - 30 = 2.14\,\Omega$

(9) 流れる電流を I とすると，(8) で導いた式より

$$9 = (82.5 + 30)I + 6.75$$

となり，これを解いて $I = 20\,\mathrm{mA}$ となる．

(10) $I = 20\,\mathrm{mA}$ のとき，LED①，②，③の両端の電位差は，それぞれ $V_1 = 1.9\,\mathrm{V}, V_2 = 2.45\,\mathrm{V}, V_3 = 3.0\,\mathrm{V}$ となる．それぞれの消費電力 $P = IV$ は，①<②<③となる．青紫色になると考えられる．   □

4.5 電気双極子とリング

　最近では高校生でも1日のうちに1度もスマホを見ないという人はほとんどいなくなった。ウェブサイトやLINE，メールやその他のアプリを無意識のうちにタップしてしまう。そんな便利なスマホで通信ができるのも目には見えない電波のおかげである。電波は電磁波の一種で，波長が長いものを指している **▶4.0節**．この電波を発生するには，双極子と呼ばれる正の電荷と負の電荷を1個ずつ並べたものをくるくると回転させるのが一番簡単な（しかも重要な）方法だ。そのメカニズムを調べるのは少し基礎知識が必要になるが，双極子は止まっている場合にも面白い性質をもっている。それを利用した現象をみてみよう。

問題 4.5.1

　真空中の電荷と電場（電界）について考察する。図4.5.1のように互いに直交する x 軸，y 軸を水平面上にとり，点 A$(0, d)$ に電気量 $-Q$ $(Q > 0)$ の負の点電荷 Q_A，点 B$(0, -d)$ に電気量 Q の正の点電荷 Q_B を固定する。このような一対の電荷を電気双極子という。以下では重力を無視する。

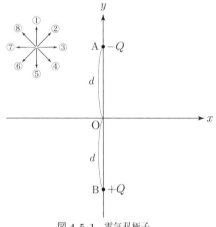

図 4.5.1　電気双極子

(1) 点電荷 Q_B による点 A の電場の大きさと向きを求めよ。ただし，向きは図中の矢印①〜⑧から選べ。

(2) 点電荷 Q_A が点電荷 Q_B から受ける力の大きさを求めよ。

　一般に，無限遠を電位の基準とすると，電気量 Q の点電荷から距離 r 離れた点の電位 V は

$$V = k_0 \frac{Q}{r}$$

となる．平面上で電位の値が等しい点をつないだ線を等電位線という．

(3) 図 4.5.1 に等電位線の概形を描け．ただし，V が正の等電位線を実線（——）で
2 本，負の等電位線を破線（- - -）で 2 本記すこと．なお，$V = 0$ の等電位線は
$y = 0$ である．

▶ 解

(1) 電場の大きさは AB 間の距離が $2d$ なので，静電場の式より，$k_0 \dfrac{Q}{4d^2}$ である．また，
点電荷 Q_B は正の電気量をもつので，電場の向きは放射状に外向きになる．したがっ
て，電場の向きは①である．

(2) クーロンの法則より，$k_0 \dfrac{Q^2}{4d^2}$ となる．

(3) 等電位線は図 4.5.2 のようになる．点電荷が作る等電位線は同心円になるが，もう一
つの電荷が作る電位を重ね合わせると，図 4.5.2 のように少しゆがむ．実際には電場
は空間的な広がりをもつので，等電位面になっている．　　　　　　　　　　□

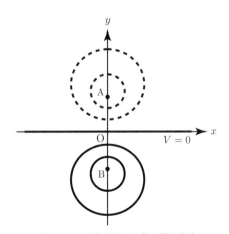

図 **4.5.2**　電気双極子が作る等電位線

問題 4.5.2

　図 4.5.3 のように，図 4.5.1 の電気双極子のまわりに絶縁性の物質でできた半径
r の輪を固定する．輪は x–y 平面内にあり，中心が原点 O になるように置く．次に，
輪に沿って滑る小さなリングをはめ，正に帯電させる．リングの質量を m，電気量を
$q \, (> 0)$，また，輪とリングの間に摩擦ははたらかないとする．はじめリングは x 軸上
の点 $P_1(r, 0)$ に留められている．リングの支えをとるとリングは輪に沿って静かに動
き始めた．

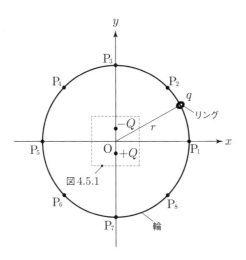

図 **4.5.3** 電気双極子のまわりの輪とリング．破線で
囲まれた部分は図 4.5.1 と同じである．

(4) 電気双極子が y 軸上の点 $P_3\,(0, r)$ に作る電位を求めよ．

　以下では点電荷間の距離 $2d$ は r に比べて非常に小さいとし，$\left(\dfrac{d}{r}\right)$ の 2 次以上の項を無視する．このとき，

$$\frac{1}{r+d} \fallingdotseq \frac{1}{r}\left(1 - \frac{d}{r}\right), \quad \frac{1}{r-d} \fallingdotseq \frac{1}{r}\left(1 + \frac{d}{r}\right), \quad \frac{1}{r^2 - d^2} \fallingdotseq \frac{1}{r^2}$$

の近似が成り立つ．

(5) 点 P_3 におけるリングの速さ v_3 を求めよ．

(6) 点 P_3 でリングにはたらく向心力の大きさは $\dfrac{mv_3{}^2}{r}$ と書ける．これが点 P_3 でリングが電気双極子から受ける力の大きさと等しいことを示せ．

▶ 解

(4) 点電荷 Q_A と Q_B が点 P_3 に作る電位を重ね合わせると，$-k_0\dfrac{Q}{r-d} + k_0\dfrac{Q}{r+d} = -\dfrac{2k_0 dQ}{r^2 - d^2}$ となる．

(5) 点 P_1 にあったリングが電場から仕事を受け，その分だけ運動エネルギー，つまり速さが増すと考えればよい．また，受けた仕事は電位の差から求めることができる．近似を用いると点 P_3 の電位は $-\dfrac{2k_0 dQ}{r^2}$ と書ける．(3) より点 P_1 の電位は 0 なので，リングが点 P_3 に到達するまでに電場から受けた仕事は $\dfrac{2k_0 dqQ}{r^2}$ である．これがリングがもつ運動エネルギーになるので，

$$\frac{1}{2}mv_3{}^2 = \frac{2k_0 dqQ}{r^2}$$

であり，v_3 について解くと，$v_3 = \dfrac{2}{r}\sqrt{\dfrac{k_0 dqQ}{m}}$ が得られる．

(6) (5) の解答を用いて向心力を書き換えると $m\dfrac{v_3{}^2}{r} = \dfrac{4k_0 dqQ}{r^3}$ となる．一方，電気双極子からのクーロン力の大きさを計算すると，

$$\left| k_0 \frac{qQ}{(r+d)^2} + k_0 \frac{q(-Q)}{(r-d)^2} \right| = \left| -\frac{4k_0 dqQr}{(r^2-d^2)^2} \right| \fallingdotseq \frac{4k_0 dqQ}{r^3}$$

となり，両者が等しいことが示される． □

(6) では力の大きさだけをみたが，力の向きも同じく原点 O を向いていて，点 P_3 では電気双極子からの静電気力がそのまま円運動の向心力になっていることが確かめられる．つまり，リングは輪から垂直抗力を受けないことがわかる．これは点 P_3 だけが特別なわけではなく，輪の任意の点 P でも同様に垂直抗力がゼロになっている．少し難しいけれども頑張って確かめてみよう．

はじめに新しい量を定義しておく．負の点電荷 Q_A から正の点電荷 Q_B に向かうベクトルを $2\vec{d}$ とする．このとき，

$$\vec{p} = 2Q\vec{d}$$

で定義される量を**電気双極子モーメント**という．$\vec{p}$ は y 軸の負の向きのベクトルである．

点 P の位置を $\vec{r} = (x, y, z)$ とする[*13]．点 P の電位は Q_A と Q_B がそれぞれ作る電位を足せばよいので

$$U(\vec{r}) = -k_0 \frac{Q}{|\vec{r}+\vec{d}|} + k_0 \frac{Q}{|\vec{r}-\vec{d}|}$$

となる．ここで，

$$\frac{k_0 Q}{|\vec{r}+\vec{d}|} = \frac{k_0 Q}{\sqrt{(\vec{r}+\vec{d})\cdot(\vec{r}+\vec{d})}} = \frac{k_0 Q}{r}\left(1 + \frac{2\vec{d}\cdot\vec{r}+d^2}{r^2}\right)^{-1/2}$$

と書き換え，$d = |\vec{d}|$ は $r = |\vec{r}|$ より十分小さいとして，近似式 ▶第 1 巻付録 A.5

$$(1+x)^\alpha = 1 + \alpha x + \frac{\alpha(\alpha-1)}{2!}x^2 + \frac{\alpha(\alpha-1)(\alpha-2)}{3!}x^3 + \cdots$$

で $\alpha = -\dfrac{1}{2}$ として 2 次の項までとった

$$(1+x)^{-1/2} \fallingdotseq 1 - \frac{1}{2}x + \frac{3}{8}x^2$$

を用いる．$\left(\dfrac{d}{r}\right)$ の 3 次以上の項を無視すれば，

[*13] 一般の場合に使えるように点 P は 3 次元空間中の点とする．また，$\vec{p}$（または $\vec{d}$）を用いて式を表せば任意の電気双極子モーメントについて式が成立する．

$$\frac{k_0 Q}{\left|\overrightarrow{r} + \overrightarrow{d}\right|} \fallingdotseq \frac{k_0 Q}{r}\left\{1 - \frac{1}{2}\left(\frac{2\overrightarrow{d}\cdot\overrightarrow{r} + d^2}{r^2}\right) + \frac{3}{8}\left(\frac{2\overrightarrow{d}\cdot\overrightarrow{r} + d^2}{r^2}\right)^2\right\}$$

$$\fallingdotseq \frac{k_0 Q}{r}\left\{1 - \frac{\overrightarrow{d}\cdot\overrightarrow{r}}{r^2} - \frac{d^2}{2r^2} + \frac{3\left(\overrightarrow{d}\cdot\overrightarrow{r}\right)^2}{2r^4}\right\} \tag{4.5.1}$$

が得られる. 同様な計算により,

$$\frac{k_0 Q}{\left|\overrightarrow{r} - \overrightarrow{d}\right|} \fallingdotseq \frac{k_0 Q}{r}\left\{1 + \frac{\overrightarrow{d}\cdot\overrightarrow{r}}{r^2} - \frac{d^2}{2r^2} + \frac{3\left(\overrightarrow{d}\cdot\overrightarrow{r}\right)^2}{2r^4}\right\} \tag{4.5.2}$$

となる. したがって, 点 P の電位は以下の式で与えられる.

$$U(\overrightarrow{r}) = -k_0\frac{Q}{\left|\overrightarrow{r} + \overrightarrow{d}\right|} + k_0\frac{Q}{\left|\overrightarrow{r} - \overrightarrow{d}\right|} = k_0\frac{2Q\overrightarrow{d}\cdot\overrightarrow{r}}{r^3} = k_0\frac{\overrightarrow{p}\cdot\overrightarrow{r}}{r^3} \tag{4.5.3}$$

リングが電場から受ける仕事は電位に $-q$ をかければ求まり, これがリングの運動エネルギーになるので,

$$\frac{1}{2}m{v_3}^2 = -k_0 q\frac{\overrightarrow{p}\cdot\overrightarrow{r}}{r^3}$$

となる. 左辺は負にならないので, $\overrightarrow{p}\cdot\overrightarrow{r}$ は正になれない. したがって $\overrightarrow{p}$ と $\overrightarrow{r}$ のなす角は 90° 以上になり, $\overrightarrow{p}$ が y 軸の負の向きなので, $\overrightarrow{r}$ で示されるリングの位置は, y が正, または 0 の領域に制限されることがわかる. 向心力の大きさは

$$F_r = m\frac{{v_3}^2}{r} = -2k_0 q\frac{\overrightarrow{p}\cdot\overrightarrow{r}}{r^4} \tag{4.5.4}$$

となる.

重力の位置エネルギーは上昇するほど大きくなり, 重力は位置エネルギーが減少する向き, すなわち下向きにはたらく. この考え方を静電気力に適用すると, 電場 (1 C にはたらく力) は電位の減少する向きに生じる. 数学的には電位の勾配 (gradient) として

$$\overrightarrow{E}(\overrightarrow{r}) = -\nabla U(\overrightarrow{r}) = \left(-\frac{\partial U}{\partial x}, -\frac{\partial U}{\partial y}, -\frac{\partial U}{\partial z}\right)$$

と表されることが知られている ▶付録 B.3 . 電位や電場は空間の場所ごとに値が定まる x, y, z の 3 変数の関数である. $\dfrac{\partial U}{\partial x}$ は y, z は定数と見なして x で微分することを意味し「x で偏微分する」という. この表記を用いると,

$$\nabla(\overrightarrow{p}\cdot\overrightarrow{r}) = \nabla(p_x x + p_y y + p_z z) = (p_x, p_y, p_z) = \overrightarrow{p}$$

$$\nabla\left(\frac{1}{r^3}\right) = \nabla\left(x^2 + y^2 + z^2\right)^{-3/2} = -\frac{3}{2}\left(x^2 + y^2 + z^2\right)^{-5/2}(2x, 2y, 2z) = -\frac{3}{r^5}\overrightarrow{r}$$

となるので,

$$\overrightarrow{E}(\overrightarrow{r}) = -\nabla U(\overrightarrow{r}) = -\frac{k_0}{r^3}\left(\overrightarrow{p} - 3\frac{\overrightarrow{p}\cdot\overrightarrow{r}}{r^2}\overrightarrow{r}\right)$$

と計算される.

　これより，リングにはたらく静電気力は $\vec{F} = q\vec{E}$ で得られる．ここで $\vec{F}$ は中心 O を向いていないことに注意する．$\vec{F}$ の輪に沿った成分はリングの速さを変化させる効果をもち，例えば P_1 から P_3 に向かうときはリングは加速し，P_3 から P_5 に進むときは減速する．$\vec{F}$ の輪に直交する成分が向心力となる．向心力の大きさ F_r は $-\vec{F} \cdot \dfrac{\vec{r}}{r}$ で求まり（向心力は内向きなのでマイナスがつくことに注意する），

$$F_r = -q\vec{E} \cdot \frac{\vec{r}}{r} = \frac{k_0 q}{r^3}\left(\vec{p} - 3\frac{\vec{p} \cdot \vec{r}}{r^2}\vec{r}\right) \cdot \frac{\vec{r}}{r} = \frac{k_0 q}{r^4}\left(\vec{p} \cdot \vec{r} - 3\frac{\vec{p} \cdot \vec{r}}{r^2}r^2\right) = -2k_0 q\frac{\vec{p} \cdot \vec{r}}{r^4}$$

となって，式 (4.5.4) と一致する．結果として，輪が存在しなくてもリングは原点 O を中心とする円周上を運動するのである．

問題 4.5.3

　点 P_1 から動き始めたリングがはじめて点 P_3 に到達するまでの時間を T とする．動き始めてから $99T$ 経過したときのリングの位置を，図 4.5.3 の点 P_1〜P_8 の中から選べ．

▶ **解**　　速さ v_3 で点 P_3 を通過したリングはそのまま輪に沿って進み，再び電位がゼロになる点，すなわち点 P_5 に到達したときに止まる．そして，今度はそこから逆向きに輪に沿って進み，点 P_1 に戻ってくる．その後は同じ往復運動をずっと繰り返す．点 P_1 を出発して再び点 P_1 に戻るのにかかる時間は $4T$ なので，$99T$ 経過したときは，リングは点 P_3 にあることがわかる．　　　　　　　　　　　　　　　　　　　　□

　この問題の面白いところは，輪がなくてもリングが円周に沿って振り子のように往復運動をするところである．もちろんこれは半径 r が電気双極子の電荷間距離 $2d$ に比べて十分大きい場合に限られることは注意しておかなければならない．そして，この往復運動は実はリングに糸を結び，反対側の端をどこかにひっかけて，糸がたるまないようにして糸が水平になるまでリングを持ち上げてそっと手をはなした運動，すなわち単振り子と同じ振動をしているのである．それを確かめてみるのは宿題にしておこう．

4.6 ガウスの法則と平板地球

　2 個の点電荷の間に作用するクーロン力と物質どうしの間にはたらく万有引力は点電荷間や物質間の距離の 2 乗に反比例し，クーロンの法則と万有引力の法則を式で表すとその形がとても似ている．ところが，具体的な値を入れてみるとそれらの力の強さはずいぶんと違っていることがわかる．これを問題を解きながら確かめてみる．また，2 つの力とも力線で表すことができ，ガウスの法則が適用できる．後半ではこれを利用して，平板の地球を考えてみる．

■クーロン力と万有引力　　　　　　　　　　　　　　　　　　　★☆☆
　クーロンの法則の比例定数を k，重力加速度の大きさを g とする．

問題 4.6.1

　クーロン力（静電気力）により，どれくらいの質量の物体が持ち上げられるかを考える．図 4.6.1 のように，水平面から高さ h の位置に正の電気量 Q をもつ点電荷が固定され，電気量 $-Q$ の点電荷が水平面に置かれている．正電荷と負電荷は鉛直線上にあり，負電荷の質量を m とする．

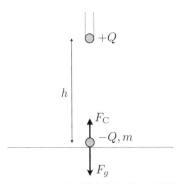

図 **4.6.1**　上下に配置された正負の点電荷

(1) 負電荷が正電荷から受けるクーロン力の大きさ F_C を求めよ．
(2) 負電荷にはたらく重力の大きさ F_g を求めよ．
(3) 負電荷が水平面から浮かび上がる上限の質量 m_sup を求めよ．

▶解

(1) 点電荷間の距離が h であることに注意してクーロンの法則を用いると，$F_C = \dfrac{kQ^2}{h^2}$ となる.

(2) 負電荷の質量は m なので，答えは $F_g = mg$ である.

(3) 負電荷が浮くのは $F_C > F_g$ のときである. したがって，(1) と (2) の答えを用いると 上限の質量は $m_{\mathrm{sup}} = \dfrac{kQ^2}{gh^2}$ であることがわかる. □

　具体的な値として，$Q = 1.0\,\mathrm{C}$, $h = 1.0\,\mathrm{m}$ とすると，m_{sup} の値は $9.2 \times 10^8\,\mathrm{kg}$ となる. つまり，ざっと 100 万トン！ これは日常生活では非常に大きな質量といえる.

問題 4.6.2

　この正電荷と負電荷が仮想的に気体水素（二原子分子 H_2）から得られたとする. つまり，気体水素中のすべての水素分子を陽子と電子に完全に分離し，それぞれ集めて $+1.0\,\mathrm{C}$ の正電荷と $-1.0\,\mathrm{C}$ の負電荷を取り出したとする.

(4) 電気素量を e，アボガドロ定数を N_A として，必要な気体水素の体積 V を求めよ. ただし，気体水素は標準状態とし，$1\,\mathrm{mol}$ 当たりの体積を V_0 とする.

▶解

(4) 1 個の水素分子にはそれぞれ 2 個の陽子と電子があることに注意すると，体積 V の気体水素に含まれる陽子と電子の電気量はそれぞれ $\pm 2eN_A \dfrac{V}{V_0}$ となる. これが $\pm 1\,\mathrm{C}$ になるので，その体積は $V = \dfrac{V_0}{2N_A e}$ となる. □

　$e = 1.6 \times 10^{-19}\,\mathrm{C}$, $N_A = 6.0 \times 10^{23}\,\mathrm{mol}^{-1}$, $V_0 = 22\,\mathrm{L}$ を (4) の答えに代入して気体水素の体積を計算すると $V = 1.1 \times 10^{-7}\,\mathrm{m}^3$ (=0.11 cm³) となる. 100 万トンの物体を持ち上げるくらいの電気量なので，さぞかし大量の水素が必要だろうと思うかもしれないが，サイコロ 1 個にもみたない気体水素で $9.2 \times 10^8\,\mathrm{kg}$ もの質量を持ち上げることができるのである.

■平面上の一様な電荷分布による電場　　★☆☆

　次に，ガウスの法則を利用して一様に帯電した平板が作る電場を調べてみる.

問題 4.6.3

　図 4.6.2（左）のように無限に広い平面があり，単位面積当たり電気量 σ の負電荷が一様に分布している.

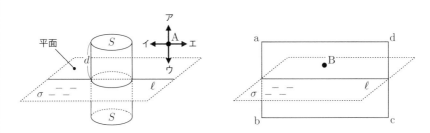

図 4.6.2 （左）無限に広い平面上の一様電荷分布と円筒状の閉曲面.（右）平面に垂直な面 abcd.

(5) 平面より上側の点 A における電場（電界）の向きを図 4.6.2 の矢印から選び，記号で答えよ.

(6) 図 4.6.2（左）のような底面積 S, 高さ $2d$ の円筒状の閉曲面にガウスの法則を適用して，平面から距離 d の点における電場の大きさを求めよ.

(7) 平面内の直線 ℓ を通り，平面に対して垂直な面 abcd を図 4.6.2（右）に示す. 直線 ℓ を電位の基準点としたとき，面 abcd 内にある点 B の電位は V であった. 電位が $V, 2V$ の等電位面の位置を下の図に実線で描け.

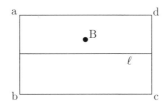

▶ 解

(5) 電場の向きは正の電荷から出る向きに，負の電荷には入る向きになる. 無限に広く分布している電荷が作る電場は，平面に対して斜めになっていると傾いている方向になにか特別な電荷分布をしていることになる. しかし，問題では電荷は一様に分布しているので，電場の方向は平面に対して垂直でなくてはならない. したがって，ウが正解である.

(6) ガウスの法則は閉曲面を貫いて外に出る電気力線の本数（つまり電場）とその内部にある電荷の電気量との関係を表している ▶4.0 節 . まず，円筒形の閉曲面の側面は電場と平行になっているので，側面を貫く電気力線の本数はゼロである. 上底と下底では電場が垂直内向きに貫いていることから，電場の大きさを E とすると電気力線の本数は $-2ES$ となる. 上底と下底があるので係数の 2 がつくことに注意する.

　　次に閉曲面内にある電荷は $S\sigma\,(<0)$ である. したがって，ガウスの法則は

$$-2ES = 4\pi k S\sigma \tag{4.6.1}$$

と表せる. これより，電場の大きさは $E = 2\pi k|\sigma|$ である.

(7) 前の問題で電場の大きさが平面からの距離 d によらない，つまり一様電場であること
に注意する．この場合，電位は平面からの距離に比例するので，電位が V, $2V$ の位置
は下図のようになる．   □

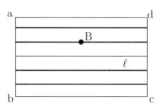

■重力を表す力線（重力線）   ★★☆

問題 4.6.4

万有引力の法則とクーロンの法則の類似性から，便宜的に重力の力線を考える．距
離 r だけ離れた質量 M と質量 m の質点間にはたらく万有引力の大きさは $G\dfrac{Mm}{r^2}$ な
ので，クーロンの法則と比較すると，質量が電荷の電気量の役割を，万有引力定数 G
が k の役割をしていることがわかる．また，大きさ E の電場中に電気量 q の電荷が
あると電荷にはたらくクーロン力の大きさは $F_C = qE$ となり，これと地表近くにあ
る質量 m の物体にはたらく重力の大きさ $F_g = mg$ を比較すると，E が単位面積当た
りの電気力線の本数であることから，g は単位面積当たりの重力の力線の本数を表し
ていることがわかる．

ここで，昔の人が考えていたように地球を広い平板であると仮定する（図 4.6.3）．
地球は無限に広く，その厚さを d，密度 ρ を一定とする．

(8) 平板の地球上でも重力加速度の大きさは $g = 9.8\,\mathrm{m/s^2}$ とする．この地球に対
し，ガウスの法則のように「閉曲面の内部に質量 M があるとき，この閉曲面を
貫いて内部に入る力線の本数は $4\pi GM$ 本である」ということを用いて，地球の
厚さ d を数値で求めよ．ただし，$G = 6.7 \times 10^{-11}\,\mathrm{N \cdot m^2/kg^2}$，地球の密度を
$\rho = 5.5 \times 10^3\,\mathrm{kg/m^3}$ とする．

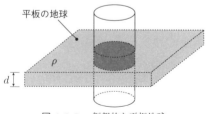

平板の地球

ρ

d

図 4.6.3　仮想的な平板地球

▶ **解**   問題 4.6.3 と同様の閉曲面をとり，重力の力線を考えると，閉曲面を貫く力線の本数は $2gS$ となる．すると，ガウスの法則より，

$$2gS = 4\pi GM = 4\pi G\rho S d \tag{4.6.2}$$

となる．これを変形して，それぞれの値を代入すると，

$$d = \frac{g}{2\pi G\rho} = \frac{9.8}{2 \times 3.1 \times 6.7 \times 10^{-11} \times 5.5 \times 10^3} = \underline{4.3 \times 10^6\,\text{m}} \tag{4.6.3}$$

が得られる．   □

(8) で得られた値は地球の半径 $6.4 \times 10^6\,\text{m}$ の 2/3 くらいになっている．実際に地球の半径と質量をそれぞれ $R_\oplus$, $M_\oplus$ とすると，重力加速度の大きさは

$$g = \frac{GM_\oplus}{R_\oplus^2} = \frac{4}{3}\pi G\rho R_\oplus \tag{4.6.4}$$

となるので，式 (4.6.3) ではじめの等式を変形すると，

$$d = \frac{g}{2\pi G\rho} = \frac{2}{3}R_\oplus \tag{4.6.5}$$

となる．こうして平板地球の厚さは厳密に球形の地球の半径の 2/3 であることがわかる．

　地面がずっと深くまで続いていると，式 (4.6.3) からもわかるように重力加速度の大きさが無限大になってしまう．このように，平板地球で球形の地球と同じ重力加速度を得るためには平板が有限の厚さをもっていなければならない．昔の人も厚さ d を超えたところに裏の世界が存在するとは考えてもみなかったのではないか，と思っていたら，平板の地球が空中を漂っていたり，海に浮いている姿を想像していた人たちも少なくなかったようだ．例えばインドネシアのンガジュ族は平らな大地の裏側にも世界があって精霊や幽霊が住んでいると信じている．

　一方で，地球が丸いことを学んでも平板地球を信じている人が少なくない．インターネットで検索してみればそのようなウェブサイトがすぐに見つけられる．実験や観測で得られる結果を客観的にとらえ，正しく解釈する方法を身につけることの大切さが窺える．

4.7　一様に帯電した球から球をくりぬいた空洞内の電場

■遠隔作用・近接作用と「場」の考え　　　　　　　　　★★☆

　真空中で，2つの点電荷間にはたらく静電気力の大きさ F は，それぞれの電荷の電気量 q_1, q_2 の積に比例し，電荷間の距離 r の2乗に反比例する．これをクーロンの法則という．このように，空間的に離れた点にある物体が直接力を及ぼすことを**遠隔作用**という．この法則は実験によって確かめられているが，遠隔作用がなぜはたらくのかと考えると，その理由はよくわからない．

　これに対して，q_1 が存在することによってまわりの空間が変化し，q_2 は変化した空間から力を受けると考え，向きも含めて $\vec{F} = q_2\vec{E}$ と表す．このような力を**近接作用**という．このとき，空間には電場（電界）が生じているという．このように，物理学では「**場（field）**」という概念が重要になる．磁気力も同じように磁場（磁界）により伝えられる近接作用として記述される．電場と磁場は密接に関係し，電磁場とし統一的に理解されている．電磁場の振動が伝わっていくのが光（電磁波）である．

　ニュートンは万有引力を遠隔作用と考えた．万有引力を近接作用の考え方で説明したのがアインシュタインの一般相対性理論である．万有引力を媒介するのが重力場で，重力場の振動が重力波として伝わる．ただしその振幅は極めて小さく，重力波を直接観測することは難しいとアインシュタインは考えていた．しかし，人類の技術の発展はめざましく，アインシュタインが一般相対性理論を発表してから 100 年後に重力波が観測された ▶第3巻7.6節．

■ベクトルによる電場の表現　　　　　　　　　　　★☆☆

　この問いでは，真空中におけるクーロンの法則の比例定数 k_0 を $\dfrac{1}{4\pi\varepsilon_0}$ とする．q_1, q_2 がともに正のとき，電場 $\vec{E}$ の大きさは $|\vec{E}| = \dfrac{F}{q_2} = \dfrac{1}{4\pi\varepsilon_0}\dfrac{q_1}{r^2}$ となる．ここで，q_1 から q_2 へ向かうベクトルを $\vec{r}$ とし，これをその大きさ $|\vec{r}| = r$ で割ったベクトルを考える．このベクトルは電場 $\vec{E}$ の向きを表し，大きさが 1 だから，これを $|\vec{E}|$ に掛けると，$\vec{E}$ を表すベクトルとなる．つまり，$\vec{E} = \dfrac{1}{4\pi\varepsilon_0}\dfrac{q_1}{r^2}\dfrac{\vec{r}}{r}$ と表される．この式は q_2 が負のときにもこのまま成り立つ．ベクトルを用いることで，大きさと向きを同時に表すことができる．以下の問題では，このベクトルを用いた表記方法が絶大な威力を発揮する．

■電場と電気力線　　　　　　　　　　　　　　　★☆☆

　電気量 $q\,(>0)$ の点電荷がある．この点電荷を中心とする半径 r の球面を考える．この球面上の各点における電場の大きさ $|\vec{E}|$ はどこでも等しく，その向きは球の中心から無限遠方に向かう向きである．球の表面積と $|\vec{E}|$ との積は $\dfrac{q}{\varepsilon_0}$ となり，この値は球の半径を変え

ても変わらない．そこで，正の点電荷が1つだけ存在する場合，$\dfrac{q}{\varepsilon_0}$ 本の電気力線があらゆる向きへ均等に出るとする．このとき電荷から出た電気力線は，途中で消滅したり新たに生み出されたりすることはなく，無限の彼方へ直進する．また，電気力線が密集するところは電場が強くなるなど，電気力線をイメージすることで，電場の様子を視覚的にイメージすることができる．

問題 4.7.1

球面 S 上に，電荷が単位面積当たり電気量 σ で一様に分布している（σ を電荷の面密度という）．S の内部に電場 $\vec{E}$ は生じないことが以下のようにして示される．

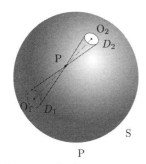

図 **4.7.1** S 内の点 P と 2 つの円錐

図 **4.7.2** 軸と母線を共有する円錐

図 4.7.1 のように，S の内部の点 P を通る直線（破線）と S との交点を O_1，O_2 とし，点 P を頂点，直線 O_1O_2 を軸とする 2 つの細い円錐を考える．片方の円錐の母線を延長すると，もう片方の円錐の母線となる（図 4.7.2）．円錐の側面が S から切り取る面を平面と見なし，その面積を D_1，D_2 とおく．

直線 O_1O_2 を含むある平面で S を切った．その切り口を示したのが図 4.7.3 である．ここで，点 H, I, K, L は，S 上の点である．$\triangle$HPI と $\triangle$LPK は相似であるから，$\dfrac{D_1}{D_2} = \left(\dfrac{PO_1}{PO_2}\right)^2$ となる．

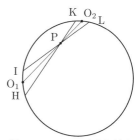

図 **4.7.3** O_1O_2 を含む断面

(1) 点 P に置いた試験電荷が，円錐の側面で S から切り取られた 2 つの面から受ける力は互いに打ち消す．その理由を簡潔に示せ．

▶解

(1) 円錐底面にある電気量 σD_1, σD_2 を，O_1, O_2 にある点電荷と見なす．これらの点電荷が点 P に作る電場は逆向きで，P から O_2 へ向かう向きを正として電場の強さは

$$\frac{1}{4\pi\varepsilon_0}\frac{\sigma D_1}{{\rm PO_1}^2} - \frac{1}{4\pi\varepsilon_0}\frac{\sigma D_2}{{\rm PO_2}^2} = \frac{\sigma}{4\pi\varepsilon_0}\left(\frac{D_1}{{\rm PO_1}^2} - \frac{D_2}{{\rm PO_2}^2}\right) = 0 \qquad \square$$

　一般に，複数の電荷分布が作る電場は，各電荷分布が作る電場のベクトルとしての和になる．これを**重ね合わせの原理**という．点 P を通るすべての直線に関して，(1) と同様な議論が成り立つので，S 内に電場は存在しないことになる．

　実はこの図 4.7.3 はニュートンが，「万有引力が距離の 2 乗に反比例する力であれば点 P に置かれた質点は力を受けない」ことを証明するときに用いたものである．ただし，ここではわかりやすくするために O_1, O_2 を加えたが，ニュートンの図にはこれらの点はない（『プリンキピア』第 I 編 12 章命題 70 定理 30）．さらにニュートンは，球面の外部にある質点には球面から力がはたらき，その力は球面の質量と等しい質量をもつ質点を球の中心に置いたときにはたらく万有引力と等しくなることを，幾何学で証明している（命題 71 定理 31）．

■ **一様に帯電した球体内の電場**　　　　　　　　　　　　　　　　　★★☆

問題 4.7.2

　O を中心とする半径 a の球体の内部全体に，電荷が単位体積当たり電気量 ρ で一様に分布している（ρ を電荷の（体積）密度という）．O から距離 $r(<a)$ の点 P における電場を $\vec{E}$ とする．内部に電荷の詰まった球体を，球面が何層も積み重ねられたものと考えよう．$\vec{E}$ を求めるためには，(1) の考察より，半径が r より小さな球面上の電荷だけを考えればよく，しかも，これらはすべて球の中心にあると見なせばよい．O から P へ向かうベクトルを $\vec{r}$ とする．

(2) $\vec{E} = \dfrac{\rho}{3\varepsilon_0}\vec{r}$ と表されることを示せ．

▶解

(2) 半径 r の球体内にある電気量は $\rho \times \dfrac{4\pi r^3}{3}$ である．ガウスの法則により，ρ が正のとき，これを ε_0 で割った値が（電場の強さ）×（球の表面積）だから，

$$\frac{\left(\rho\dfrac{4\pi r^3}{3}\right)}{\varepsilon_0} = \left|\vec{E}\right| \times 4\pi r^2 \quad \Rightarrow \quad \left|\vec{E}\right| = \frac{\rho r}{3\varepsilon_0}$$

である．$\vec{E}$ の向きは $\vec{r}$ と同じで，この向きの大きさ 1 のベクトル $\dfrac{\vec{r}}{r}$ を用いて，

$$\vec{E} = \left|\vec{E}\right| \times \frac{\vec{r}}{r} = \frac{\rho}{3\varepsilon_0}\vec{r} \tag{4.7.1}$$

となる．ρ が負のときは $\vec{E}$ の向きが変わり式 (4.7.1) はこのまま成り立つ．　　　$\square$

■球形の空洞内の電場 ★★☆

問題 4.7.3

次に，内部に電荷の詰まった球体から，図 4.7.4 のように，点 O' を中心とした小球をくりぬいて空洞とした．点 O' から点 P へ向かうベクトルを $\vec{r'}$ とする．点 P がこの空洞内にあるとき，点 P における電場を $\vec{E'}$ とする．電荷分布だけに着目すると，これは空洞と同じ大きさをもち，電荷が単位体積当たり $-\rho$ で一様に分布した球を，元の球内にはめ込んだと見なせる．重ね合わせの原理によれば，(2) で求めた $\vec{E}$ に，はめ込んだ球内の全電荷が点 P に作る電場を加えることで $\vec{E'}$ を求めることができる．

(3) $\vec{E'}$ を求めよ．

(4) $\overrightarrow{OO'} = \vec{r} - \vec{r'}$ に注意して，空洞内の $\vec{E'}$ の特徴を簡潔に示せ．

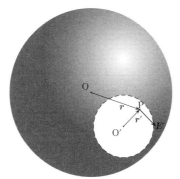

図 **4.7.4** O' 中心の球形空洞内の点 P における電場

▶解

(3) $\displaystyle \vec{E'} = \frac{\rho}{3\varepsilon_0}\vec{r} + \frac{(-\rho)}{3\varepsilon_0}\vec{r'} = \frac{\rho}{3\varepsilon_0}(\vec{r} - \vec{r'})$

(4) $\displaystyle \vec{E'} = \frac{\rho}{3\varepsilon_0}\overrightarrow{OO'}$ となるので P の位置によらない．すなわち，空洞内には O から O' へ向かう向き（ρ が負のときは逆向き）に一様な電場が生ずる．その強さは OO' 間の距離に比例する． □

一様電場中の金属球上の電荷分布

■ 静電誘導　　　　　　　　　　　　　　　　　　　　　★☆☆

電場中に金属を持ち込むと，その表面に電荷が現れて新たな電場が生み出される．金属内部では，この新たに生じる電場が元の電場を打ち消す．この現象を**静電誘導**という．しかしながら，特定の電場を生み出す電荷分布を直接計算して求めることは難しい．

例として，大きさ E の一様な電場がある空間に導体球を持ち込んだとき，導体表面に現れる電荷分布を計算してみよう．このときの電荷分布は，前問の結果を用いて容易に求めることができる．

■ 正と負に帯電した 2 球の重ね合わせ　　　　　　　　　　★★☆

はじめに，一様に帯電した 2 つの球体を重ね合わせることを考える．

問題 4.8.1

　正に帯電した中心 O，半径 r の球体（以下，球体 O と呼ぶ）と，負に帯電した中心 O′，半径 r の球体（以下，球体 O′ と呼ぶ）を O と O′ を距離 a はなして重ねた．それぞれの球体の電荷密度は ρ と $-\rho\,(\rho > 0)$ で一様とする．

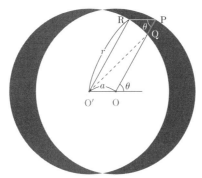

図 4.8.1　重ね合わせた正負に帯電した 2 つの球体の断面図

　図 4.8.1 は，O, O′ を含む重ねた 2 つの球体の断面図である．球体が重なった部分は電荷が打ち消し，右にはみ出た部分は正，左にはみ出た部分は負に帯電している．P は球体 O の表面上の点，Q, R は球体 O′ の表面上の点で，OP = O′Q = r である．∠OPR = θ とする．

(1) 2 球が重なる部分の電場（大きさと向き）を求めよ．

(2) $a \ll r$ であるとして，図 4.8.1 の PQ の長さを求めよ．

▶解

(1) 前問の結果により，重なった部分の電場は $\vec{E} = \dfrac{\rho}{3\varepsilon_0}\overrightarrow{OO'}$ となる．すなわち

$$\text{大きさ：} \frac{\rho a}{3\varepsilon_0}, \quad \text{向き：O から O' へ向かう向き}$$

(2) △OQO' に余弦定理を適用する．PQ の長さを x，θ を図 4.8.1 のように定義すると

$$r^2 = a^2 + (r-x)^2 - 2a(r-x)\cos(\pi - \theta)$$

となる．微小量の 2 次 (a^2, x^2, ax) を無視すると，

$$0 = -2rx + 2ar\cos\theta \quad \Rightarrow \quad x = a\cos\theta$$

この結果は，∠PQR を直角と見なせば直ちに導き出される． □

■ 内部が一様電場となる球面上の電荷分布 ★★☆

問題 4.8.2

図 4.8.1 で a が十分に小さくなれば，2 つの球体の重なりからはみ出した電荷は，球体 O の表面上の電荷分布と見なせる．

(3) 球体 O の表面上の電荷の面密度 σ を θ の関数として求めよ．

(4) 大きさ E_0 の一様な電場中に半径 r の金属球を置いたとき，金属表面に現れる電荷分布を求めよ．

(5) 金属表面上に現れる正味の正の電気量 Q を求めよ．

▶解

(3) 図 4.8.1 の PQ を微小な断面積 dS の円柱と考える．この円柱内の電荷が球面上にあると見なして，

$$\rho \times a\cos\theta\, dS = \sigma(\theta) \times dS \quad \Rightarrow \quad \sigma(\theta) = \rho a\cos\theta$$

(4) 2 つ球体が重なった部分に生ずる一様電場が，大きさ E_0 の一様な外部の電場を打ち消せば，この部分の電場が 0 となる．この状態が一様電場中に置かれた金属球を表していると考えられる．したがって，

$$E_0 = \frac{\rho a}{3\varepsilon_0} \quad \Rightarrow \quad \rho a = 3\varepsilon_0 E_0$$

となり，仮想的な値 ρ と a の積が E_0 と関連づけられる．このときの球体上の電荷密度は (3) より，

$$\sigma(\theta) = 3\varepsilon_0 E_0 \cos\theta$$

(5) OO' 軸からの角が θ と $\theta + d\theta$ に対応する球体 O の表面上の帯状の領域に着目する（図 4.8.2）．この領域では電荷の面密度 $\sigma(\theta)$ は一定と見なすことができる．その面積は，幅 $r\,d\theta$，長さ $2\pi r\sin\theta$ の長方形と見なして $2\pi r^2 \sin\theta\, d\theta$．したがって，この領域にある電気量 dq は

$$dq = \sigma(\theta) \times 2\pi r^2 \sin\theta\, d\theta = 6\pi\varepsilon_0 E_0 r^2 \sin\theta\cos\theta\, d\theta$$

球面上に現れる正電荷の総量 Q は，$0 \leqq \theta < \dfrac{\pi}{2}$ の範囲でこれを足し合わせて求める．その操作は積分として実行でき，

$$Q = \int dq = 6\pi\varepsilon_0 E_0 r^2 \int_0^{\pi/2} \sin\theta\cos\theta\, d\theta = 6\pi\varepsilon_0 E_0 r^2 \times \left[\frac{1}{2}\sin^2\theta\right]_0^{\pi/2}$$

$$= 3\pi\varepsilon_0 E_0 r^2$$

$\square$

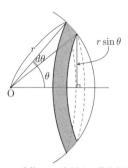

図 **4.8.2** 球体 O の表面上の帯状領域

電磁誘導と IC カード

■ 電磁誘導   ★☆☆

最近では，非接触型の IC カードを使って，電車やバスの料金支払いをすることが普通になった．この IC カードは，機械に近づくとカードの固有番号を送信しているのだが，カード自体には電源を積んでいない．カードの内部にはコイルが埋め込まれていて，電磁誘導の原理で電流が流れ，カードは固有番号を送信できるのである．

ファラデーの電磁誘導の法則では，磁場中にある N 巻きのコイルを貫く磁束が $\Delta\Phi$ 変化したとき

$$V = -N\frac{\Delta\Phi}{\Delta t}$$

の誘導起電力が生じる．マイナスの符号は誘導起電力の生じる向きが磁束の変化を妨げる向きであることを示す（レンツの法則）．Δt を微小時間と考えれば，この式は微分形で書けて，時刻 t での磁束 $\Phi(t)$ が与えられたとき，

$$V = -N\frac{d\Phi}{dt} \tag{4.9.1}$$

となる．以下では，この微分形の表現で考えてみよう．

問題 4.9.1

図 4.9.1 のように一辺が a の正方形の形をした一巻きのコイル ABCD があり，一定の速さ v で x 軸の正の向きに動いている．コイルには電流が流れると，電波を発信する装置 R がつながれていて，その抵抗値は R である．x 軸の値で $0 \leqq x \leqq 2a$ の領域では，コイルを下から上へ貫く一様な磁場があり，その磁束密度の大きさは B である．

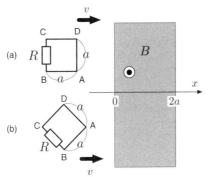

図 4.9.1 磁場を一定速度 v で通過するコイル

コイルの一端 A が磁束のある領域に入り始めるときの時刻を $t = 0$ とする．コイル

全体が磁束のある領域に入る時刻を t_1, コイルの点 A が磁束のない領域に出始める時刻を t_2, コイル全体が磁束のない領域に出る時刻を t_3 とする. 以下では (a) コイルの辺 AB が x 軸と平行の場合, (b) コイルの辺 AB が x 軸と $45°$ の角度をなす場合の 2 つの場合について考えよう.

(a) コイルの辺 AB が x 軸と平行の場合, $t_1 = \boxed{\text{ア}}$ であり, $t_2 = 2t_1, t_3 = 3t_1$ である. $0 < t < t_1$ では, コイルを貫く磁束 $\Phi(t)$ は, $\Phi(t) = \boxed{\text{イ}}$ であるから, コイルには, $\boxed{\text{ウ}}$ {ABCD の向きに・DCBA の向きに}, 大きさが $|V_{(a)}(t)| = \boxed{\text{エ}}$ の誘導起電力が生じる.

(b) コイルの辺 AB が x 軸と $45°$ の角度をなす場合, $t_1 = \boxed{\text{オ}}$ であり, $t_2 = 2 \times \boxed{\text{ア}}$, $t_3 = t_2 + t_1$ である.

   $0 < t < \dfrac{t_1}{2}$ のある時刻 t では, コイルを貫く磁束 $\Phi(t)$ は, $\Phi(t) = \boxed{\text{カ}}$ であるから, コイルには, $\boxed{\text{キ}}$ {ABCD の向きに・DCBA の向きに}, 大きさが $|V_{(b)}(t)| = \boxed{\text{ク}}$ の誘導起電力が生じる.

   $\dfrac{t_1}{2} < t < t_1$ では, コイルを貫く磁束 $\Phi(t)$ は, $\Phi(t) = \boxed{\text{ケ}}$ であるから, コイルには, $\boxed{\text{コ}}$ { ABCD の向きに・DCBA の向きに }, 大きさが $|V_{(b)}(t)| = \boxed{\text{サ}}$ の誘導起電力が生じる.

(1) (a), (b) 2 つの場合について, 時刻を横軸に, ABCD の向きを正とした誘導起電力を縦軸にしてグラフを描け.

(2) (a), (b) 2 つの場合では, コイルが磁場を通過する一連の過程で, コイル回路で消費するエネルギーの大きさは異なる. どちらの場合が大きいか. また, この違いはどこから生じたのか述べよ.

▶解 $t_1 = \dfrac{a}{v}_{\text{ア}}$, $t_2 = \dfrac{2a}{v}$, $t_3 = \frac{3a}{v}$ である. $0 < t < t_1$ では, $\Phi(t) = Bxa = \underline{Bvt \cdot a}_{\text{イ}}$ であり, 磁束が増加していくので, コイルには磁束の増加を抑制しようと, $\underline{\text{ABCD}}$ $\underline{\text{の向きに}}_{\text{ウ}}$, 大きさが $|V_{(a)}(t)| = \dfrac{d\Phi}{dt} = \underline{Bva}_{\text{エ}}$ の誘導起電力が生じる.

$t_1 = \dfrac{\sqrt{2}a}{v}_{\text{オ}}$, $t_2 = 2\dfrac{a}{v}$, $t_3 = \left(2 + \sqrt{2}\right)\dfrac{a}{v}$ である.

   $0 < t < \dfrac{t_1}{2}$ では, $\Phi(t) = Bx^2 = \underline{Bv^2t^2}_{\text{カ}}$ であり, 磁束が増加していくので, コイルには磁束の増加を抑制しようと, $\underline{\text{ABCD の向きに}}_{\text{キ}}$, 大きさが $|V_{(b)}(t)| = \dfrac{d\Phi}{dt} = \underline{2Bv^2t}_{\text{ク}}$ の誘導起電力が生じる.

   $\dfrac{t_1}{2} < t < t_1$ では, $\Phi(t) = B\left(a^2 - (\sqrt{2}a - x)^2\right) = \underline{B\left(a^2 - v^2(t_1 - t)^2\right)}_{\text{ケ}}$ であり, 磁束が増加していくので, コイルには磁束の増加を抑制しようと, $\underline{\text{ABCD の向きに}}_{\text{コ}}$, 大きさが $|V_{(b)}(t)| = \dfrac{d\Phi}{dt} = \underline{2Bv^2(t_1 - t)}_{\text{サ}}$ の誘導起電力が生じる.

(1) 図 4.9.2 のグラフになる.

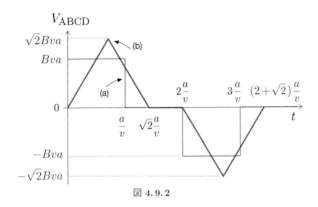

図 4.9.2

(2) 消費電力は, $W = 2\int_0^{t_1} V \cdot \dfrac{V}{R}\,dt$ で与えられる. (a), (b) それぞれの場合では,

$$W_{(a)} = 2\frac{V^2}{R}t_1 = 2\frac{(Bva)^2}{R}\frac{a}{v} = 2\frac{B^2va^3}{R}$$

$$W_{(b)} = 2\left(\int_0^{t_1/2} \frac{(2Bv^2t)^2}{R}\,dt + \int_{t_1/2}^{t_1} \frac{(2Bv^2(t_1-t))^2}{R}\,dt\right)$$

$$= \frac{8B^2v^4}{R}\left(\left[\frac{t^3}{3}\right]_0^{t_1/2} - \left[\frac{(t_1-t)^3}{3}\right]_{t_1/2}^{t_1}\right) = \frac{8B^2v^4}{R}\left(\frac{t_1{}^3}{24} + \frac{t_1{}^3}{24}\right)$$

$$= \frac{2}{3}\frac{B^2v^4}{R}\left(\frac{\sqrt{2}a}{v}\right)^3 = \frac{4\sqrt{2}}{3}\frac{B^2va^3}{R} \fallingdotseq 1.89\frac{B^2va^3}{R}$$

となって, (a) の場合の方が大きい. これは, 一定の速さ v で磁場中を通過させる, という条件のために, コイルを動かす外力のした仕事から生じる. 図 4.9.2 のような変化の場合では, 回路を貫く磁束はどちらも Ba^2 (図 4.9.2 で (a) の長方形および (b) の三角形の面積) まで増加して 0 に戻るが, 回路を貫く磁束が変化する時間が短い (a) の方が誘導起電力が大きくなり, 消費電力も大きくなる. □

■ 変化する磁場中の IC カード   ★☆☆

前問のように, 一様な磁場があるところでカードを動かすことによって, カードから電波を発信する方法では, カードの向きや動かし方によってカード内に生じる電流は一定にならないことがわかる. そこで, カードを固定し, 磁場を変化させる方法を考えよう.

問題 4.9.2
磁束密度が $B(t) = B_0\sin(2\pi ft)$ のように振動数 f で時間変化する磁場があり, その中に, 問題 4.9.1 と同じ正方形のコイルを磁場に垂直に置いた (図 4.9.3). コイルを貫

く磁束 $\Phi(t)$ は, $\Phi(t) = \boxed{\text{シ}}$ となるので, コイルには誘導起電力 $V(t) = \boxed{\text{ス}}$ が生じる.

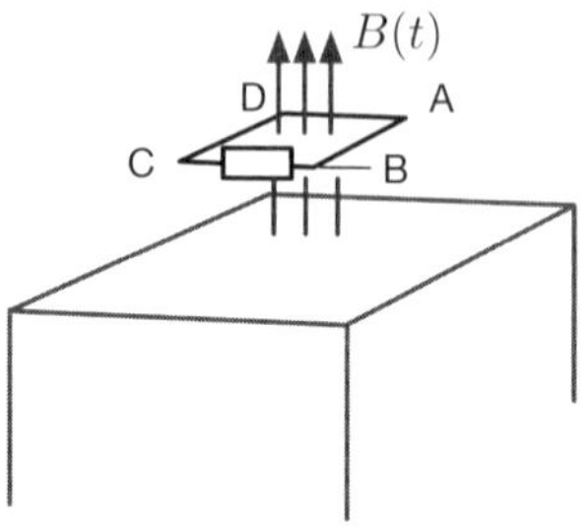

図 4.9.3

▶解　　$\Phi(t) = B(t)a^2 = \underline{B_0 a^2 \sin(2\pi ft)}_{シ}$, $V(t) = -\dfrac{d}{dt}(B_0 a^2 \sin(2\pi ft)) = \underline{-2\pi f B_0 a^2 \cos(2\pi ft)}_{ス}$.　　　　　□

■ ビオ・サヴァールの法則　　　　　　　　　　　　　　　　★★★

　IC カードから固有番号を読み取る機械にもコイルが組み込まれている. 半径 r, 大きさ I の円電流が, その中心に作る磁場の大きさ H（磁束密度の大きさ B）は, 高校では公式として,

$$H = \frac{I}{2r}, \quad B = \mu_0 \frac{I}{2r} \tag{4.9.1}$$

として与えられる. μ_0 は真空の透磁率である. これは, ビオ・サヴァールの法則から導かれる式である.

　ビオ・サヴァールの法則は, 電荷 Q が速度 $\vec{v}$ で動くとき, そこから距離 d 離れた点に生じる磁束密度 B の大きさが

$$B = \frac{\mu_0}{4\pi} \frac{Qv}{d^2} \sin\phi, \quad v = |\vec{v}|$$

で与えられる, というものだ. ここで ϕ は電荷 Q から磁束密度を考える点へ引いたベクトル $\vec{d}$ と $\vec{v}$ がなす角である.

　電流が作る磁束密度を考えるときには, 電流を微小な素片に分割し, 各素片が作る微小な磁束密度 $\Delta\vec{B}$ を向きを考慮してベクトルとして足し合わせて求める. 実際の計算は, 積分に置き換えて行われる. 電流を細かく分割した素片を $\Delta\vec{\ell}$ で表そう. このベクトルの大きさは Δt の間に電流のキャリアが動く距離 $v\Delta t$ とする. 向きは素片を流れる電流の向きにとる. ここに含まれる電気量は, 電流の定義から $\Delta Q = I\Delta t$ と表されるので, $\Delta Q v = I\Delta t v = I\Delta\ell$ となる. これより, ビオ・サヴァールの法則は, ベクトルの外積 ▶第 1 巻付録 A.1 を用いて次のように書ける.

法則 4.7（ビオ・サヴァールの法則）
　電流 I の素片ベクトル $I\Delta\vec{\ell}$ がその素片からベクトル $\vec{d}$ で示される点に作る微小な磁束密度 $\Delta\vec{B}$ は

$$\Delta\vec{B} = \frac{\mu_0}{4\pi}\frac{I\Delta\vec{\ell}}{d^2} \times \frac{\vec{d}}{d} \tag{4.9.2}$$

で与えられる．なお，この大きさは

$$\Delta B = \frac{\mu_0}{4\pi}\frac{I\Delta\ell}{d^2}\sin\phi \tag{4.9.3}$$

となる．ここで ϕ は $\Delta\vec{\ell}$ と $\vec{d}$ がなす角である．

　例えば，図 4.9.4 のように，半径 r，大きさ I の円電流があり，その中心軸上で円電流の中心から距離 z 離れた点 P での磁束密度を求めてみよう．このとき，$\Delta\vec{\ell}$ は常に $\vec{d}$ と直交しており $\sin\phi = 1$ である．図 4.9.4 のように角度 θ を定義すると，素片ベクトル $\Delta\vec{\ell}$ による磁束密度の z 成分 ΔB_z は，式 (4.9.3) で $d = \sqrt{r^2 + z^2}$ として

$$\Delta B_z = \frac{\mu_0}{4\pi}\frac{I\Delta\ell}{r^2 + z^2}\sin\theta = \frac{\mu_0}{4\pi}\frac{I\Delta\ell}{r^2 + z^2}\frac{r}{\sqrt{r^2 + z^2}} = \frac{\mu_0}{4\pi}\frac{rI}{(r^2 + z^2)^{3/2}}\Delta\ell$$

であることがわかる．この値は $\Delta\ell$ に比例し，その係数は円電流のどの部分でも同じである．したがって，これを足し合わせるのは容易で，円電流導線一周分の和は，$\displaystyle\sum_{\text{一周}}\Delta\ell = 2\pi r$ より，

$$B_z = \sum_{\text{一周}}\Delta B_z = \frac{\mu_0}{4\pi}\frac{rI}{(r^2 + z^2)^{3/2}} \times 2\pi r = \frac{\mu_0}{2}\frac{r^2 I}{(r^2 + z^2)^{3/2}} \tag{4.9.4}$$

となる．この式で $z = 0$ としたものが，式 (4.9.1) となる．ちなみに，z 軸に直交する方向の磁場の成分は相殺し合ってゼロである．

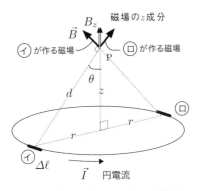

図 4.9.4　円電流の一部が中心軸上に作る磁場 B_z

式 (4.9.4) を z を変化させてプロットすると，図 4.9.5 のようになる．半径 5 cm の円

電流から距離 z〔cm〕の位置での B_z の大きさを $z = 0$ での大きさを 100 として示したものである．およそ 5 cm，10 cm，20 cm 離れると，磁場の大きさはそれぞれ 35%，8.9%，1.4% になってしまう．非接触型として開発された IC カードでも磁場の変化によってカード内で発電を行う以上，ある程度は読み取り機械に近づけないといけないことがわかる．

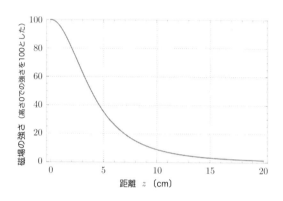

図 **4.9.5**　半径 5 cm の円電流の中心軸上で距離 z〔cm〕の位置と B_z の大きさ（$z = 0$ での大きさを 100 として示したもの）との関係

［研究］微小なものを足し合わせるという操作は，一般には積分で実行される．式 (4.9.4) は簡単に計算できたが，これを積分で求めるときには，微小量であることを示す Δ を形式的に微分の d に置き換えて（正しくは極限操作で）

$$B_z = \int_{\text{一周}} dB_z = \int_0^{2\pi r} \frac{\mu_0}{4\pi} \frac{rI}{(r^2 + z^2)^{3/2}} \, d\ell = \frac{\mu_0}{4\pi} \frac{rI}{(r^2 + z^2)^{3/2}} \times 2\pi r$$

のように計算すればよい．

銅線コイル中を動く乾電池電車

■乾電池電車 ★★☆

講義のネタを探していると，Youtube で，「世界一簡単な電車」と題した動画を見つけた．市販されている銅線をコイル状に巻く．乾電池の両端に，市販されている強力なネオジム磁石を取り付けて，銅線コイル内に置くと，乾電池と磁石の塊は地下鉄のようにコイル内をスルスルと動いていく．どのくらいの力が生じているのか計算してみよう．

用意する材料は表 4.10.1 のものである．

表 4.10.1

単 4 乾電池	起電力 1.5 V，内部抵抗 0.5 Ω，長さ 44.5 mm，直径 10.5 mm，質量 12 g
銅線	抵抗率 $\rho = 0.017\,\Omega\,\mathrm{mm^2/m}$，半径 $r = 0.8\,\mathrm{mm}$
銅線コイル	半径 $R = 8\,\mathrm{mm}$ のコイル，1 m 当たり $n = 200$ 巻き
ネオジム磁石	半径 $R_m = 7\,\mathrm{mm}$，1 つ当たりの厚さ 1 cm，質量 8 g，磁束密度 $B_m = 0.1\,\mathrm{T}$

問題 4.10.1

ネオジム磁石　単4乾電池　ネオジム磁石

図 4.10.1

乾電池の両極にネオジム磁石をつけたものを乾電池電車と呼ぶ．これを銅線コイルの中に入れる（図 4.10.1）．両極ともコイルの中に入り，磁石が銅線に接すると銅線の乾電池電車を取り囲む部分に電流が流れ，コイル内に磁場が発生する．その磁場と乾電池電車の両極の磁石が力を及ぼし合うと，乾電池電車は，あたかも地下鉄のようにコイル内を進んでいく．乾電池電車の両端の距離は $L = 50\,\mathrm{mm}$ で，常に銅線コイルに接するとする．空気の透磁率を $\mu = 1.26 \times 10^{-6}\,\mathrm{Wb^2/Nm^2}$ とする．その他の諸量は，表 4.10.1 に記載した．

(1) コイルが 1 m 当たり n 巻きであるとすると，長さ L のコイル部分はどのくらいの長さの銅線からできているか．コイルの半径を R として文字で答えよ．

(2) コイルを流れる電流の大きさ I〔A〕はいくらか．表 4.10.1 の数値を入れて答えよ．

(3) コイル内部の磁場の大きさ H〔A/m〕はいくらか．数値で答えよ．

(4) 磁石の表面の磁荷 Q_m〔Wb〕を求め，磁石 1 つがコイル内の磁場から受ける力 F_m〔N〕を数値で求めよ．

(5) コイルは乾電池の + 極側から見て時計
回りに巻かれ，らせん状に − 極側へつ
ながっている．乾電池電車を + 極側へ
動かすためには磁石の取り付ける向き
をどうすればよいか．図 4.10.2 の (a)
〜(d) より選べ．

(6) 乾電池電車が動き始めた．接触面から
の摩擦などでやがて電車は速度を上下
させるが，動き始めるときに受ける力に
よる加速度の大きさはどれだけか．数
値で求めよ．

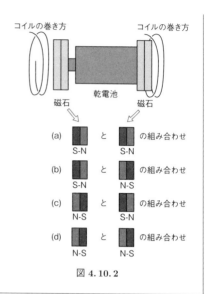

図 4.10.2

▶ 解

(1) コイルをほどいて直線にしたと考える．コイルの一巻きが $2\pi R$ なので，コイルの長さは横 $2\pi R \cdot n \cdot L$，縦 L の長方形の対角線の長さに等しく，$\sqrt{(2\pi RnL)^2 + L^2} = L\sqrt{(2\pi Rn)^2 + 1}$ となる．以下では，$nR \gg 1$ とし，長さを $2\pi RnL$ と近似する．

(2) 銅線部分の抵抗の大きさ R_1 は，

$$R_1 = \rho \frac{(長さ)}{(断面積)} = \rho \frac{2\pi R \cdot n \cdot L}{\pi r^2}$$

$$= 0.017\,\Omega\,\text{mm}^2/\text{m}\,\frac{2\pi\,8 \cdot 10^{-3} \cdot 200 \cdot 50 \cdot 10^{-3}\,\text{m}}{\pi(0.8)^2\,\text{mm}^2} = 4.25 \times 10^{-3}\,\Omega$$

したがって，銅線部分の抵抗は，乾電池の内部抵抗よりはるかに小さいので無視できる．コイルに流れる電流 I は，$I = \dfrac{1.5\,\text{V}}{0.5\,\Omega} = 3.0\,\text{A}$.

(3) コイル内部の磁場の大きさ H は，

$$H = nI = 200\,(1/\text{m}) \times 3.0\,(\text{A}) = 600\,\text{A/m}$$

(4) 磁石の表面の磁荷 $Q_m = (断面積) \times (磁束密度)$ は

$$Q_m = \pi R_m{}^2 \cdot B_m = \pi(7 \cdot 10^{-3})^2 \cdot 0.1 = 1.53 \times 10^{-5}\,\text{Wb}$$

磁石 1 つがコイル内の磁場から受ける力 F_m は

$$F_m = Q_m H = 1.53 \times 10^{-5} \times 600 = 9.18 \times 10^{-3}\,\text{N}$$

(5) 図 4.10.2 のコイルに電流が流れ，電池のまわりのコイルが電磁石となる．電池の −
極から出た磁力線が電池の + 極に集まってくるので，電池の + 極側にあるネオジム
磁石のまわりの磁場は，左面側より右面側で強くなる（図 4.10.3）．したがって，右
面側が S 極のとき，ネオジム磁石は左向きの力を受ける．同様に，電池の − 極側では
ネオジム磁石の左面側の磁場が強く，こちらの面が S 極であれば，ネオジム磁石はや
はり左向きの力を受ける（図 4.10.4）．よって (c) である．

図 **4.10.3**　電池の + 極側付近の磁場の様子　　図 **4.10.4**　電池の − 極側付近の磁場の様子

(6) (4) で求めた力 F_m の 2 倍の力で，質量 28 g を動かすとすれば，加速度は，

$$\frac{2 \times 9.18 \times 10^{-3}\,\text{N}}{28 \times 10^{-3}\,\text{kg}} = 0.66\,\text{m/s}^2 \qquad \Box$$

コイル全体に外部から電流を流しても乾電池電車は動かない．一様な磁場の中ではネオ
ジム磁石の S 極と N 極が同じ大きさで逆向きの力を受けるからである．いまの場合は，コ
イルの乾電池電車を取り囲む部分だけに電流が流れて電磁石になる．乾電池の両極付近で
は磁力線が広がっていくため，磁場は一様ではなくなる．そのため，乾電池電車の両極に
あるそれぞれのネオジム磁石の S 極と N 極が磁場から受ける力の大きさに差が生じ，乾電
池電車が動くのである．乾電池電車が動くとコイルに生じた電磁石も一緒に移動していく
ので，常に力がはたらき，乾電池電車は動き続ける．

■□ Coffee Break 8 （一番天才の科学者は？）

　本書でも紹介されている科学者や数学者は，みんな新たな発見をしたり理論を作ったりと，素晴らしい才能をもっていた．その中でもアインシュタインは，時間や空間に関する常識をくつがえし，数学的にも非常に難解な相対性理論を提唱したことに加え，ブラウン運動や光の量子についても鋭い考察を行ったことから，「一番の天才」と考えている人が多い．では実際に一番の天才科学者は誰なのか興味深いところである．

　天才とは少し違うかもしれないが，マイケル・ハートという人が書いた『歴史上で最も影響を与えた人物ベスト100』[14]は参考になる．内容はタイトルの通りで，歴史上の偉人がランキング順に説明されている．例えば，35位に発明王エジソン，23位に電磁誘導のファラデー，12位にガリレイが入っている．このランキングは科学者に限ったものではないので，26位のジョージ・ワシントンや34位のナポレオンといった政治家，45位のベートーヴェンや50位のミケランジェロなどの芸術家もランクインしている．残念なのは，出版が20年以上前であり，しかも『歴史上…』ということで，最近の人は含まれていない．そうでなければ，スティーブ・ジョブズは上位にいるはずだ．順位に関しても，著者であるマイケル・ハートの主観が多分に入っていると考えられるので，細かいところはそれほど意味がない．しかし，影響力の大まかな度合いとしてはそれほど間違っていないと思われる．

　では，大天才，アインシュタインは何位なのか．ページをめくってみると…，10位（ベストテン）！　さすが，地球上に誕生した全人類の中で10本の指に入っている．それにしても気になるのはアインシュタインよりも上位の人物だ．見てみると，7位の蔡倫（紙を発明），8位のグーテンベルク（活版印刷を発明）が興味深い．知の伝達・拡散がいかに重要かということだ．さらに上位には，4位がお釈迦様，3位がイエス・キリスト，そして，堂々の1位がムハンマド（マホメット）である．人間というのは，やはり思想や宗教を軸にして生活し，行動していることが窺える．

　ところで，2位をまだ紹介していない．キリストやお釈迦様を差し置いて2位にランクインしたのは誰なのか．実はアイザック・ニュートンである．ニュートンがまとめ上げた運動の三法則や万有引力の法則は，物理学の基礎，そして工学の基礎として，後世の私たちに計り知れない恩恵を与えているのである．

　余談であるが，最初の「一番天才の科学者は？」という質問を多くの人にすると，1位はやはりアインシュタインだそうだ．しかし，同じ質問を科学者に対して行うと，ニュートンと答える人が断トツになる．影響力だけでなく，科学的な内容に関してもニュートンが一番のようだ．

---

[14] Michael H. Hart, *"The 100: A Ranking Of The Most Influential Persons In History"* （Citadel; Revised 版，2000）

⬤4.11 交　　　　流

■送電はなぜ交流か ★☆☆

　現在，私たちが使う電気の大半は，磁場中をコイルが回転することによって発電されている．水力発電，火力発電，原子力発電とも発電部分の基本的なしくみは同じである．回転するコイルを貫く磁束が変化すると，電磁誘導によってコイルに起電力が生じるが，その起電力は交流の波形になる（太陽光発電は異なるしくみで直流電圧が出力される）．

問題 4.11.1

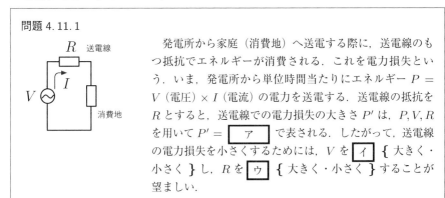

　　　　　　発電所から家庭（消費地）へ送電する際に，送電線のもつ抵抗でエネルギーが消費される．これを電力損失という．いま，発電所から単位時間当たりにエネルギー $P =$ V（電圧）$\times I$（電流）の電力を送電する．送電線の抵抗を R とすると，送電線での電力損失の大きさ P' は，P, V, R を用いて $P' = \boxed{\text{ア}}$ で表される．したがって，送電線の電力損失を小さくするためには，V を $\boxed{\text{イ}}$ { 大きく・小さく }し，R を $\boxed{\text{ウ}}$ { 大きく・小さく }することが望ましい．

▶解

ア　送電線での電圧降下を V' とすると，$P' = V'I = I^2R = \underset{\text{ア}}{\dfrac{P^2}{V^2}R}$ ．

イ　大きく

ウ　小さく　　　　　　　　　　　　　　　　　　　　　　　　　　　　　□

　アの解は，電圧を 10 倍にすれば，電力損失が 1/100 になることを示している．発電所で得られる起電圧は数万 V で，それを変電所で 6000 V へ電圧を下げて送電する．道端の電線から家庭に電気を引くときには，それらを変圧器（トランス）でさらに，200 V または 100 V に下げる．このように降圧するとき，交流であれば，問題 4.11.2 で考えるように簡単なしくみで効率よく実現できる．

　アメリカで 1880 年代後半に電気の供給が始まったとき，エジソン陣営は直流送電，ウェスティングハウスとテスラ陣営は交流送電で事業を始めた．エジソンは自身が開発したモーターが当初は直流機だったので直流送電にこだわったが，テスラの開発した交流システムの方が送電ロスが少なく，変圧器特許をもつウェスティングハウスとの事業の方が圧倒的有利であり，送電は交流システムが主流になった．ただし，現在では直流送電も使われる．

■変圧器　　　　　　　　　　　　　　　　　　　　　　★☆☆

鉄芯に2つのコイルを巻いたものが変圧器の基本的な構造である. 巻き数 n_1 の1次コイルに交流電源 V_1 を接続したとき, 巻き数 n_2 の2次コイルに発生する起電力 V_2 は,

$$\frac{V_1}{V_2} = \frac{n_1}{n_2} \tag{4.11.1}$$

の関係をみたす. また, 変圧器での消費電力がない理想的な場合, 1次コイルに流れる電流 I_1 と, 2次コイルに流れる電流 I_2 の間には, 次の関係が成り立つ.

$$I_1 V_1 = I_2 V_2 \tag{4.11.2}$$

問題 4.11.2

発電所から電圧 E の交流を遠方に送電するとき, 図 4.11.1 のように, 送電線の抵抗 R, 消費地での抵抗 r をそのまま直列で結ぶ回路では, 送電時の電力損失が大きい. そこで, 図 4.11.2 のように, いったん変圧器 A (巻き数比 $1:n$) で電圧を上げ, 消費地近くでは変圧器 B (巻き数比 $m:1$) で電圧を下げるような構造を考える. 変圧器での消費電力は考えないことにする.

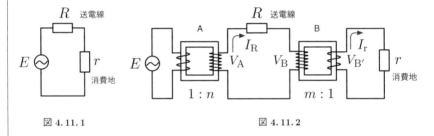

図 4.11.1　　　　　　　　　　　図 4.11.2

図 4.11.1 の場合, 回路を流れる電流 I は, $I = \boxed{\text{エ}}$ である. 送電線で消費される電力 W_R と消費地で使われる電力 W_r の比は,

$$\frac{W_R}{W_r} = \boxed{\text{オ}}$$

となる.

図 4.11.2 の場合, 変圧器 A を介して送電されるときの電圧を V_A, 送電線に流れる電流を I_R, 変圧器 B の1次電圧 (送電線側) を V_B, 変圧器 B の2次電圧 (消費地側) を $V_{B'}$, 消費地に流れる電流を I_r とする. 変圧器のコイルの巻き数比から,

$$V_A = \boxed{\text{カ}} \times E, \quad V_{B'} = \boxed{\text{キ}} \times V_B$$

である.

(1) I_R と I_r の関係を表せ.

(2) 送電線で消費される電力 W_R' と消費地で使われる電力 W_r' の比 $\dfrac{W_R'}{W_r'}$ を求めよ.

▶解

エ $I = \dfrac{E}{R+r}$

オ $W_{\mathrm{R}} = I^2 R = \left(\dfrac{E}{R+r}\right)^2 R,\ W_{\mathrm{r}} = I^2 r = \left(\dfrac{E}{R+r}\right)^2 r$ より，$\dfrac{W_{\mathrm{R}}}{W_{\mathrm{r}}} = \dfrac{R}{r}$.

カ，キ $V_{\mathrm{A}} = nE,\quad V_{\mathrm{B}'} = \dfrac{1}{m}V_{\mathrm{B}}$

(1) 式 (4.11.2) の関係から，$I_{\mathrm{R}} V_{\mathrm{B}} = I_{\mathrm{r}} V_{\mathrm{B}'}$ であり，これに上のキを代入すると，$I_{\mathrm{R}} V_{\mathrm{B}} = I_{\mathrm{r}} \dfrac{1}{m} V_{\mathrm{B}}$. したがって，$I_{\mathrm{R}} = \dfrac{1}{m} I_{\mathrm{r}}$.

(2) $W_{\mathrm{R}}' = I_{\mathrm{R}}^2 R = \left(\dfrac{1}{m} I_{\mathrm{r}}\right)^2 R,\ W_{\mathrm{r}}' = I_{\mathrm{r}}^2 r$ より，$\dfrac{W_{\mathrm{R}}'}{W_{\mathrm{r}}'} = \dfrac{1}{m^2}\dfrac{R}{r}$. したがって，上のオと比べると，送電線での電力損失を小さく抑えることができることがわかる.　　□

　問題 4.11.1 の結果から，送電側で電圧を n 倍に高めれば電力損失は $1/n^2$ になっていたから，発電して得られた電力を消費地へ送電するときの損失は，本問 (2) の設定によって，$1/(nm)^2$ 倍になることがわかる.

■交流回路の素子が消費する電力　　　　　　　　　　　　　　★☆☆

　抵抗，コイル，コンデンサに交流電圧 V〔V〕を加えると，流れる電流 I〔A〕と電圧は一般に位相がずれる. これを

$$V = V_0 \sin \omega t \tag{4.11.3}$$

$$I = I_0 \sin(\omega t - \phi) \tag{4.11.4}$$

と表すことにしよう. 角周波数（角振動数）ω〔rad/s〕は，周波数（振動数）f〔Hz〕を用いて，$\omega = 2\pi f$ と表してもよい. ϕ は位相差（電圧に対する電流の位相の遅れ）である.

- 抵抗 R だけが回路につながれているとき，$\phi = 0$ である.
- 自己インダクタンス L のコイルだけが回路につながれているとき，コイルの導線の抵抗が無視できるとしても，コイルは交流電流に対して抵抗のように振る舞う. その大きさは，リアクタンス X_{L} と呼ばれ，$X_{\mathrm{L}} = \dfrac{V_0}{I_0} = \omega L$ となる. また，$\phi = \dfrac{\pi}{2}$ となる.
- 電気容量 C のコンデンサだけが回路につながれているとき，コンデンサは交流電流に対して抵抗のように振る舞う. その大きさも，リアクタンスと呼び，$X_{\mathrm{C}} = \dfrac{V_0}{I_0} = \dfrac{1}{\omega C}$ となる. また，$\phi = -\dfrac{\pi}{2}$ となる.

問題 4.11.3

抵抗に交流電流が流れるとき，抵抗で消費される電力 P_R〔W〕は，

$$P_R = I_R V_R = I_0 \sin \omega t \cdot V_0 \sin \omega t = I_0 V_0 \sin^2 \omega t \tag{4.11.5}$$

となり，その時間平均 $\overline{P_R}$ は，一周期 $T = \dfrac{2\pi}{\omega}$ 間の平均値として，

$$\overline{P_R} = \frac{1}{T} \int_0^T P_R \, dt = \boxed{\text{ク}} \tag{4.11.6}$$

となる．

コイルに交流電流が流れるとき，コイルで消費される電力 P_L〔W〕は，

$$P_L = I_L V_L = I_0 \sin\left(\omega t - \frac{\pi}{2}\right) \cdot V_0 \sin \omega t$$

$$= \boxed{\text{ケ}} \sin \boxed{\text{コ}} \tag{4.11.7}$$

となり，その時間平均 $\overline{P_L}$ は，

$$\overline{P_L} = \frac{1}{T} \int_0^T P_L \, dt = \boxed{\text{サ}} \tag{4.11.8}$$

となる．

▶ **解**　抵抗に対しては，

$$\overline{P_R} = \frac{I_0 V_0}{T} \int_0^T \sin^2 \omega t \, dt = \frac{I_0 V_0}{T} \int_0^T \frac{1 - \cos 2\omega t}{2} \, dt$$

$$= \frac{I_0 V_0}{T} \left[\frac{t}{2} - \frac{\sin 2\omega t}{4} \right]_0^T = \frac{I_0 V_0}{T} \frac{T}{2} = \underline{\frac{I_0 V_0}{2}}_{\text{ク}}$$

コイルに対しては，

$$P_L = I_0(-\cos \omega t) \cdot V_0 \sin \omega t = -\underline{\frac{I_0 V_0}{2}}_{\text{ケ}} \sin \underline{2\omega t}_{\text{コ}}$$

となり，その時間平均 $\overline{P_L}$ は，

$$\overline{P_L} = -\frac{I_0 V_0}{2T} \int_0^T \sin 2\omega t \, dt = -\frac{I_0 V_0}{2} \left[-\frac{1}{2} \cos 2\omega t \right]_0^T = \underline{0}_{\text{サ}}$$

同様に，コンデンサの場合も，消費電力の時間平均はゼロになる．　　　□

■ 共振回路　　　　　　　　　　　　　　　　　　　　　　　★★☆

抵抗，コンデンサ，コイルの3つの素子を直列につなぎ，交流電圧を加える回路を考えよう．この場合，一般に，回路に加える電圧と，回路に流れる電流の位相はずれる．つまり，電圧が最大の瞬間に電流は最大にはならない．次の問題では，あらかじめこの位相差があることを仮定して解いてみよう．

問題 4.11.4

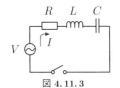

図 4.11.3

抵抗値 R の抵抗，インダクタンス L のコイル，電気容量 C のコンデンサを図 4.11.3 のように直列につなぎ，交流電源をつないだ．スイッチを入れて十分に時間が経ったときの電圧は $V = V_0 \sin \omega t$ で，電流は位相が ϕ 遅れて $I = I_0 \sin(\omega t - \phi)$ であるとする．

(3) 位相の遅れ ϕ を求めよ．

(4) この回路に最も大きな電流を流すには ω をどのような値にすればよいか求めよ．

▶ 解

(3) コンデンサの左の極板にある電荷を Q とする．微小な時間 Δt の間に増加する電気量が $\Delta Q = I\Delta t$ であることから $I = \dfrac{dQ}{dt}$ となる．回路一周についてキルヒホッフの法則より，

$$RI + L\frac{dI}{dt} + \frac{Q}{C} = V_0 \sin \omega t \tag{4.11.9}$$

が成り立つ．この式の両辺を時間 t で微分すると，

$$L\frac{d^2I}{dt^2} + R\frac{dI}{dt} + \frac{1}{C}I = \frac{d}{dt}V_0 \sin \omega t \tag{4.11.10}$$

となる．$I = I_0 \sin(\omega t - \phi)$ を代入して ω で割って整理すれば，

$$\left\{ -\left(\omega L - \frac{1}{\omega C}\right)\sin(\omega t - \phi) + R\cos(\omega t - \phi) \right\} I_0 = V_0 \cos \omega t \tag{4.11.11}$$

となり，この式の左辺を合成すれば，

$$\sqrt{\left(\omega L - \frac{1}{\omega C}\right)^2 + R^2}\, I_0 \cos(\omega t - \phi + \delta) = V_0 \cos \omega t$$

$$ただし \quad \delta = \mathrm{Tan}^{-1}\left(\frac{\omega L - \frac{1}{\omega C}}{R}\right) \tag{4.11.12}$$

が得られる．これが任意の時刻 t で成り立つことから，位相のずれ ϕ は次の式で与えられる．

$$\phi = \delta = \mathrm{Tan}^{-1}\left(\frac{\omega L - \frac{1}{\omega C}}{R}\right)$$

(4) 式 (4.11.12) より，

$$Z = \sqrt{\left(\omega L - \frac{1}{\omega C}\right)^2 + R^2}$$

とおくと，$I_0 = V_0/Z$ となるから，回路を流れる電流 I は，

$$I = \frac{V_0}{Z} \sin \omega t$$

となる．Z は回路全体の抵抗の大きさに相当する量でインピーダンスと呼ばれる．Z

が小さければ回路に最も大きな電流が流れるから，

$$\omega L - \frac{1}{\omega C} = 0 \quad \text{すなわち} \quad \omega = \frac{1}{\sqrt{LC}} \tag{4.11.13}$$

の関係がみたされればよい．交流電源の振動数を f とすれば，$\omega = 2\pi f$ より，回路に最大の電流が流れるのは，振動数 f_0 が

$$f_0 = \frac{1}{2\pi\sqrt{LC}}$$

となるときである．　　　　　　　　　　　　　　　　　　　　　　　　□

(3) で求めた位相のずれは，大学入試のレベルでは上記のような解き方をせずに，位相差に関するベクトルを図 4.11.4 のように合成して求めるのが普通であり，そのベクトル合成の意味がわかるような解答の書き方をした．

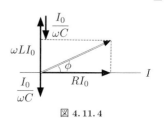

図 4.11.4

(4) で求めたことから，この回路は，L, C の値を調整することによって，特定の振動数 f_0 のときに大きな電流を流すことができる．これを共振振動数と呼ぶ（図 4.11.5）．テレビやラジオや携帯電話などさまざまな振動数の電波が私たちの身のまわりに飛び交っているが，上記のような原理で特定の振動数だけを取り出している．

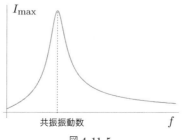

図 4.11.5

4.12 粒 子 の 加 速

電荷 q をもった質量 m の粒子は，電場（大きさ E）の中では静電気力を受けて加速する．電場の向きに生じる加速度を a とすれば，

$$ma = qE \tag{4.12.1}$$

である．一方，磁場（磁束密度の大きさ B）の中ではフレミングの左手の法則で決まる向きにローレンツ力を受ける．粒子の速さを v とすれば，その大きさ f は，

$$f = qvB \tag{4.12.2}$$

である．両者を合わせて記述すると，電場，磁場，速度，加速度をそれぞれベクトル $\vec{E}, \vec{B}, \vec{v}, \vec{a}$ として，外積を用いて

$$m\vec{a} = q\vec{E} + q\vec{v} \times \vec{B} \tag{4.12.3}$$

となる．

■ サイクロトロン　　　　　　　　　　　　　　　　　　　　　★☆☆

磁場を用いて荷電粒子を円運動させながら加速していく装置のうち，磁場の大きさを一定とするものをサイクロトロン（cyclotron）と呼んでいる．ローレンスとリビングストンは，1931 年にこの装置を用いてはじめて陽子を加速することに成功した．

問題 4.12.1

図 4.12.1 のように平行な境界線で区切られた 3 つの領域 I, II, III がある．原点 O を領域 II と III の境界にとり，この境界に沿って x 軸，垂直に y 軸をとる．領域 I と III では紙面に垂直で裏から表に向かう向きに一様な磁場があり，その磁束密度の大きさを B とする．中央の領域 II では y 軸の正または負の向きに一様な電場 E をかけることができる．領域 I と III の間の距離は L である．重力の効果は無視できるとする．

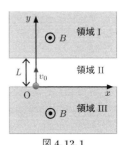

図 4.12.1

原点 O にあった質量 m，電荷 $q > 0$ の荷電粒子が，時刻 $t = 0$ で，y 軸の正の向きに初速度 v_0 を与えられて動き出した．

(1) 電場は y 軸の正の向きだとする．領域 II 内の粒子の加速度の大きさ a は，$a = \boxed{\quad ア \quad}$ となる．この粒子がはじめて領域 I に到達するときの時刻 t_1 と速さ v_1 を L, v_0, a を用いて求めよ．

(2) 領域 I に入った粒子は磁場の中で運動し，再び領域 I と II の境界に到達する．そのときの時刻 t_2 を $t_2 = t_1 + \Delta t_1$，x 座標を x_2，粒子の速さを v_2 とする．t_2, x_2, v_2 を L, v_0, a, m, q, B のうち，必要なものを用いて求めよ．

時刻 t_2 から粒子が再び領域 III に入るまでは，領域 II の電場は y 軸の負の向きにかけられていた．

(3) 粒子がはじめて領域 III に到達するときの時刻を $t_3 = t_2 + \Delta t_2$ とする．Δt_2 は L, v_1, a を用いて $\Delta t_2 = \boxed{\quad イ \quad}$ となる．時刻 t_3 での粒子の速さ v_3 を L, v_0, a を用いて求めよ．

(4) 領域 III に入った粒子は磁場の中で運動し，再び領域 II と III の境界に到達する．そのときの時刻を $t_4 = t_3 + \Delta t_3$ とする．Δt_1 と Δt_3 の大小，t_4 での x 座標 x_4 の符号を答えよ．

▶ 解

(1) 電場から受ける力が粒子を加速させるので，運動方程式は，加速度を a として

$$ma = qE \quad \text{すなわち，加速度は} \quad a = \frac{qE}{m} \;_{ア}$$

距離 L 進むまでの時間は，

$$L = v_0 t_1 + \frac{1}{2} a t_1{}^2 \quad \text{より，} \quad t_1 = \frac{-v_0 \pm \sqrt{v_0{}^2 + 2aL}}{a}$$

$t_1 > 0$ であるから，$t_1 = \dfrac{-v_0 + \sqrt{v_0{}^2 + 2aL}}{a}$．このときの速さは

$$v_1 = v_0 + a t_1 = \sqrt{v_0{}^2 + 2aL}$$

(2) 領域 I では，粒子は磁場から大きさ $qv_1 B$ の力を，進行方向右向きに受けて円運動する．磁場の力は進行方向に垂直なので，仕事をせずに粒子の運動方向を変えるだけである．つまり，速さは v_1 のまま一定である．ゆえに $v_2 = v_1$．

円運動の半径を r_1 とする．中心向きの加速度は $v_1{}^2 / r_1$ であるから，運動方程式は

$$m \frac{v_1{}^2}{r_1} = q v_1 B \quad \text{これより半径は} \quad r_1 = \frac{mv_1}{qB}$$

したがって，再び領域 II に到達するとき，$x_2 = 2r_1 = \dfrac{2mv_1}{qB} = \dfrac{2m}{qB}\sqrt{v_0{}^2 + 2aL}$．

半周するのに要する時間 Δt_1 は，$\Delta t_1 = \dfrac{\pi r_1}{v_1} = \dfrac{\pi m}{qB}$．したがって，

$$t_2 = t_1 + \Delta t_1 = \frac{-v_0 + \sqrt{v_0{}^2 + 2aL}}{a} + \frac{\pi m}{qB}$$

(3) 粒子は y 軸の負の向きに加速する．その加速度の大きさは (1) と同じである．粒子が $y = L$ から $y = 0$ まで運動するのに要する時間を Δt_2 とすると，(1) から

$$\Delta t_2 = \frac{-v_1 + \sqrt{v_1{}^2 + 2aL}}{a} \;_{イ}$$

このときの速さは

$$v_3 = v_2 + a\Delta t_2 = v_1 - v_1 + \sqrt{v_1{}^2 + 2aL} = \sqrt{v_1{}^2 + 2aL} = \sqrt{v_0{}^2 + 4aL}$$

(4) 領域 III に入った粒子は磁場の中で速さ v_3 の円運動をする．その半径を r_3 とすると，円運動の式が $m\dfrac{v_3{}^2}{r_3} = qv_3B$ となることから，$r_3 = \dfrac{mv_3}{qB} > \dfrac{mv_1}{qB}$．すなわち，領域 I での半径より大きいので，粒子が領域 III から II へ出るときは，原点より左側になる．よって x_4 の符号はマイナス．このときまでに領域 III で要する時間 Δt_3 は，

$$\Delta t_3 = \frac{\pi r_3}{v_3} = \frac{\pi m}{qB} = \Delta t_1. \qquad \Box$$

領域 II で，粒子が常に加速するように電場の向きを変えていくと，粒子は領域 I, III に入るたびに円運動の半径を大きくしながら同運動を繰り返す（図 4.12.2(a)）．しかも軌道の拡大と粒子の速さの増加が相殺して同じ時間で領域 II へ再突入する．粒子を加速させることが小さな装置ででき，しかも領域 II での電場の向きの切り替えは等時間で簡単に制御可能だ．これがサイクロトロンと呼ばれる装置の特徴である．

もし領域 II で，電場の向きを常に y 軸の正の向きにしておくと，$y = 0$ に戻ったときに粒子の速さは v_0 になるので，領域 III での運動半径は領域 I での半径と比べて小さくなる．これを繰り返したとすると，粒子は領域 I, III を往復しながら x 軸の正の向きへ動いていくことになる（図 4.12.2(b)）．

素粒子実験では，高エネルギーに加速した粒子を衝突させて粒子の破壊実験を行う．サイクロトロンで粒子を加速させるときには，エネルギーが大きくなると相対性理論の効果で粒子の質量が大きくなるので，周期が一定ではなくなる．陽子の加速では，20 MeV 程度が加速の限界になる．粒子の周回する周期と加える電場の周期を調整したシンクサイクロトロンでは 900 MeV 程度までの加速が可能となる．しかし，半径が大きくなることで巨大な電磁石が必要となるので，粒子の半径を一定にして加速させる装置が用いられるようになった．

(a) 電場の向きを交互に変えるとき

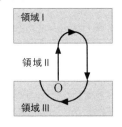

(b) 電場の向きを常に固定するとき

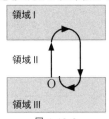

図 4.12.2

■ベータトロン   ★★☆

ベータトロン (betatron) は，電磁誘導による起電力を利用して荷電粒子を加速させる装置である．1940 年に開発された．粒子の半径を一定とするためには，円軌道内部の磁束の与え方を工夫する必要がある．

問題 4.12.2

ベータトロンは，半径 R の円を囲む細い円環の内部で質量 m，電荷 $q > 0$ の荷電粒子を円運動させ，半径を変えずに高速になるまで加速する装置である（図 4.12.3）．粒子ははじめ，等速円運動していた．

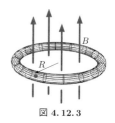

図 4.12.3

時間 Δt の間に，円軌道を貫く磁束を上向きに $\Delta\Phi$ 増加させた．粒子の円軌道をコイルと見なすと，誘導起電力 $V = -\dfrac{\Delta\Phi}{\Delta t}$ が生じる．この誘導起電力によって粒子が受ける力の大きさを F とする．この力の向きは，図を上（磁場の矢印の先）から見たとき ┌ ウ ┐ { 時計回り・反時計回り } となる．

さて，粒子を円運動させながら，半径 R のまま進行方向に加速させる条件を考えよう．時刻 t から $t + \Delta t$ の間に，粒子の円軌道上の磁束密度が B から $B + \Delta B$ に増加し，粒子の速さが v から $v + \Delta v$ になったとする．磁場の変化が，粒子が一周する時間に比べてゆっくりだとすれば，誘導起電力はこの間は一定と見なすことができ，粒子が一周する間に加えられた仕事 $F \times$ ┌ エ ┐ が，誘導起電力による仕事 $|qV|$ と等しい．粒子の軌道の接線の向きの加速度は $\dfrac{\Delta v}{\Delta t}$ なので，この向きの粒子の運動方程式は，

$$m\frac{\Delta v}{\Delta t} = \boxed{\quad \text{オ} \quad} \times \frac{\Delta\Phi}{\Delta t} \tag{4.12.4}$$

となる．

一方，粒子は中心向きのローレンツ力を受けて円運動しているので，時刻 t には

$$m\frac{v^2}{R} = qvB \quad \text{すなわち} \quad v = \frac{qR}{m}B \tag{4.12.5}$$

が成り立つ．これは時刻 $t + \Delta t$ でも成り立つので，

$$v + \Delta v = \frac{qR}{m}(B + \Delta B) \tag{4.12.6}$$

となる．

(1) 式 (4.12.4)〜(4.12.6) から，$\Delta\Phi$ と ΔB の関係を求めよ．

(2) (1) の結果から，粒子の円軌道より内側の空間の磁束密度の増加は一定ではないことを示せ．

そこで，装置に与える磁束の増加は，円軌道の中心から測った距離 r の関数 $\Delta B(r)$ として与えられるとしよう．

(3) $\Delta B(r) = br^\alpha$ （b は定数）として，α を決定せよ．

(4) ベータトロンを横から見た断面図として適しているのは図 4.12.4 の (a), (b) どちらか答えよ．

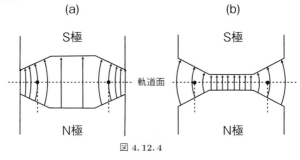

図 4.12.4

▶解　　磁場が増加すると，その変化を打ち消すように誘導電場が発生する．下向きに磁場を作るためには，電流が時計回りに流れればよい．したがって，荷電粒子は時計回り_ウに力を受ける．また，（誘導電場のする仕事）$= F \times$ （一周の長さ）$= F \times 2\pi R_{\mathrm{エ}}$．したがって，

$$F \cdot 2\pi R = |qV| = q\frac{\Delta \Phi}{\Delta t} \quad \text{ゆえに} \quad m\frac{\Delta v}{\Delta t} = F = \frac{q}{2\pi R_{\mathrm{オ}}} \times \frac{\Delta \Phi}{\Delta t}$$

(1) 式 (4.12.5), (4.12.6) より，

$$\Delta v = \frac{qR}{m}\Delta B$$

一方，式 (4.12.4) から

$$m\Delta v = \frac{q}{2\pi R}\Delta \Phi$$

なので，両式から Δv を消去すると

$$\Delta \Phi = 2\pi R^2 \Delta B \tag{4.12.7}$$

(2) 磁束密度の増加がどこも等しく ΔB だとすれば，円軌道内部の磁束の増加は，$\Delta \Phi = \pi R^2 \Delta B$ となるはずだ．しかし，これは式 (4.12.7) の半分でしかない．

(3) 半径 r から $r + \Delta r$ までは，磁束密度の増加は $\Delta B(r) = br^\alpha$ で一定であるとする．この部分の磁束の増加への寄与は，$2\pi r\Delta r \times br^\alpha$ となり，これを足し合わせる操作が r についての積分となる．すなわち，

$$\Delta \Phi = \int_0^R 2\pi r \times br^\alpha dr = \left[\frac{2\pi b}{\alpha + 2} r^{\alpha+2}\right]_0^R = \frac{2\pi b}{\alpha + 2} R^{\alpha+2} \tag{4.12.8}$$

また，粒子の軌道上での磁束密度の増加 $\Delta B = bR^\alpha$ より，

$$\Delta \Phi = \frac{2\pi}{\alpha + 2}R^2 \Delta B \tag{4.12.9}$$

となるので，式 (4.12.7) と一致させるには，$\alpha = -1$ とすればよい．

(4) ベータトロンとして加える磁場は，軌道の内側の方が強いことが要請される．したがって図 4.12.4 (b) の方になる．　　　　　　　　　　　　　　　　　□

　ベータトロンの加速原理では，周期が粒子の質量 m に依存しないので，相対性理論による粒子の質量増加の影響を受けず，どこまでも加速できるように見える．しかし，粒子は円運動をしているからいつも加速度をもち，接線方向に制動放射と呼ばれる電磁波を放出してエネルギーを失う．そのため，300 MeV くらいが加速の限界となる．

■ 現代の加速器

　サイクロトロンもベータトロンも巨大な電磁石を必要とする．この欠点を克服するため，粒子の加速に合わせて磁場と加速電場をコントロールして一定の半径で何度も周回できるようにし，かつその軌道周囲にのみ磁場を発生させるだけでよい，シンクロトロン（synchrotron）と呼ばれる加速器が用いられるようになった．さらに，加速した粒子を静止した粒子に衝突させる実験装置から，加速した粒子どうしを正面衝突させる実験装置へと改良がなされている．

　2023 年現在世界で最も大きな素粒子実験施設は，欧州原子核研究機構（CERN）がスイス・フランス国境地帯にもつ大型ハドロン衝突型加速器（LHC）で，一周 27 km ある．陽子ビームどうしを衝突させる 7 TeV レベルの実験を 2010 年から始め，現在は 13 TeV レベルの実験を行っている．素粒子の標準モデルとして予言されていたヒッグス粒子（質量をもたらすもとの粒子）を 2011 年に確認したほか，現在は素粒子標準モデルの破れが見えるかどうかの実験が続けられている．

　しかし，粒子を円運動させる限り，制動放射が発生し [*15)]加速エネルギーに限界が生じる．次世代の加速器として計画されている国際リニアコライダー（ILC）は，長さ 20 km の直線で粒子加速を行う設計となっている．

[*15)] 特に，相対性理論が効くほどの速度で円運道するときに発生するエネルギー損失については，シンクロトロン放射という．エネルギーは放射光（シンクロトロン光）として放出される．

4.13 2つの交流電場による比電荷の測定

■比電荷 ★☆☆

　素粒子研究の初期において，電荷 q と質量 m の比 q/m が重要な役割を果たした．これを比電荷という．陰極線の研究により明らかにされた電子の比電荷と，磁場中の原子から放出される光のスペクトルの研究から明らかにされた，原子の中にあり発光に関与する素粒子の比電荷が一致することから，原子の中に電子が存在することがわかった．

　比電荷を測定する方法はさまざまあるが，ここで考察する実験の概略を図 4.13.1 に示す．以下では電子の電荷の大きさを e，質量を m とする．

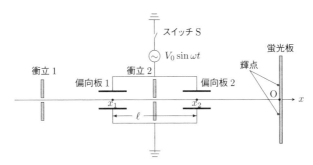

図 4.13.1 比電荷測定実験の概略

問題 4.13.1

　はじめスイッチ S は開かれている．速さ v の電子を衝立 1 に開けられた小孔を通して偏向板 1 の間を通過させる．さらに衝立 2 の小孔も通過した電子は x 軸に沿って運動し蛍光板上の一点に当たる．この点を O とする．

(1) ここで入射させた電子は，金属を加熱し飛び出す熱電子に電圧 V をかけて加速したものを使う．金属から飛び出した直後の熱電子の運動エネルギーは無視し，電子の速さを v として比電荷を求めよ．

▶解

(1) $\dfrac{1}{2}mv^2 = eV$ より $\dfrac{e}{m} = \dfrac{v^2}{2V}$. 　　□

　この結果より，電子の速さ v を測定すれば，比電荷が求められることがわかる．

問題 4.13.2

　スイッチ S を閉じて 2 つの偏向板に同じ交流電圧 $V_0 \sin \omega t$ をかけた．そして衝立 1 に開けられた小孔を通して速さ v の電子を偏向板 1 の間に次々と入射させると，蛍

光板上に 2 つの輝点が現れた.

電圧がかけられた偏向板は平行平板コンデンサと同じで，極板間に一様な電場ができる．この電場は周期 $2\pi/\omega$ で変動する．ここでは電子の速さ v は十分大きく，電子が偏向板を通過する間は電場は一定と見なせるとする．

(2) 電子が衝立 2 の小孔を通過して偏向板 2 の間に入射できるのはどのようなときか，偏向板 1 の中点 x_1 に着目して答えよ．

(3) 蛍光板上に輝点が 2 つできる理由を答えよ．

▶ 解

(2) 電子が x 軸に垂直な速度をもたなければよい．いまの近似では電子が偏向板 1 の間を通過する間電場は一定であるとしているから，x_1 を通過する際電場が 0 であればよい．

(3) 一周期中に電場が 0 となるのは 2 回ある．図 4.13.1 において下向きから上向きに変わるときと，逆に上向きから下向きに変わるときである．この 2 つの場合，その後の電場の向きが逆になるので偏向板 2 の間で電子が電場から受ける力も逆になり，蛍光板のところで O の上下で対称な 2 点に輝点が生ずる．   □

問題 4.13.3

交流電場の角周波数（角振動数）ω を変化させると 2 つの輝点の間隔が変化し，ω_0 のときに点 O で一つに重なった．$x_2 - x_1 = \ell$ とする．

(4) このとき電子の速さ v は自然数 n を用いて以下の式で与えられることを示せ．

$$v = \frac{\ell \omega_0}{n\pi}$$

n の値を決めるため，交流電場の角周波数を ω_0 から少しずつ大きくしていくと，2 つに分かれた輝点が $\omega = \omega_0 + \Delta\omega$ となったときに再び一点に重なった．

(5) n の値を決定し，電子の比電荷を求めよ．

▶ 解

(4) 電子が x_2 に来たとき電場が 0 であればよいので，$x_2 - x_1 = \ell$ だけ電子が進む時間が交流電場の半周期の整数倍であればよい．したがって

$$\frac{\ell}{v} = \frac{\pi}{\omega_0} \times n \quad \Rightarrow \quad v = \frac{\ell \omega_0}{n\pi}$$

(5) ω が増加すると周期は短くなるから，電子が ℓ 進む間の電場の振動回数が 1 回増えたときの角周波数が $\omega_0 + \Delta\omega$ である．したがって，

$$v = \frac{\ell \omega_0}{n\pi} = \frac{\ell(\omega_0 + \Delta\omega)}{(n+1)\pi} \quad \Rightarrow \quad n = \frac{\omega_0}{\Delta\omega} \quad \Rightarrow \quad v = \frac{\ell \Delta\omega}{\pi}$$

よって，(1) の結果から

$$\frac{e}{m} = \frac{v^2}{2V} = \frac{(\ell \Delta\omega)^2}{2\pi^2 V}$$ □

■ より厳密な考察   ★★★

　ここでは議論を簡単にするため，電子が偏向板の間を通過するとき電場は一定であると見なした．しかし，実際にはわずかながらも変化する．この問題を厳密に取り扱ってみよう．

問題 4.13.4

　偏向板 1 の間の電場を上向きを正として $E_0 \sin \omega t$ であるとする．x 軸上の $x = x_1$ の点を原点として上向きに y 軸をとる．電子は x 軸の正の向きに一定の速さ v で進み，時刻 $t = 0$ のときに $x = x_1$ となるとする．また，電子が偏向板 1 の中を通過するのは $t = -t_0$ から $t = t_0$ までとする．

(6) 電子の y 方向の運動方程式を，加速度を $\dfrac{d^2 y}{dt^2}$ として書け．

(7) $t = -t_0$ のとき $\dfrac{dy}{dt} = 0$ として $\dfrac{dy}{dt}$ を求めよ．

(8) $t = -t_0$ のとき $y = 0$ として y を求め，図示せよ．

(9) 蛍光板上の輝点は精密に見ると何個か答えよ．

▶ 解

(6)
$$m \frac{d^2 y}{dt^2} = -e E_0 \sin \omega t$$

(7) これを積分して $\dfrac{dy}{dt} = \dfrac{e E_0}{m \omega} \cos \omega t + C$ となる（C は積分定数）．$t = -t_0$ として

$$0 = \frac{e E_0}{m \omega} \cos \omega t_0 + C \quad \Rightarrow \quad C = -\frac{e E_0}{m \omega} \cos \omega t_0$$

と決まるので

$$\frac{dy}{dt} = \frac{e E_0}{m \omega} \cos \omega t - \frac{e E_0}{m \omega} \cos \omega t_0$$

(8) もう一度積分して $y = \dfrac{e E_0}{m \omega^2} \sin \omega t - t \dfrac{e E_0}{m w} \cos \omega t_0 + D$ となる（D は積分定数）．$t = -t_0$ として

$$0 = -\frac{e E_0}{m \omega^2} \sin \omega t_0 + t_0 \frac{e E_0}{m w} \cos \omega t_0 + D \quad \Rightarrow \quad D = \frac{e E_0}{m \omega^2} \sin \omega t_0 - t_0 \frac{e E_0}{m w} \cos \omega t_0$$

と決まるので

$$y = \frac{e E_0}{m \omega^2} \sin \omega t - t \frac{e E_0}{m w} \cos \omega t_0 + \frac{e E_0}{m \omega^2} \sin \omega t_0 - t_0 \frac{e E_0}{m w} \cos \omega t_0$$

となる．電子は偏向板 1 を通り抜ける間，y 軸の正の向きに力を受けている．偏向板 1 を通過直後の x 軸からのずれは

$$y(t_0) = \frac{2 e E_0}{m \omega} \left(\frac{\sin \omega t_0}{\omega} - t_0 \cos \omega t_0 \right) \tag{4.13.1}$$

となる．このとき $\dfrac{dy}{dt} = 0$ である．したがって，電子の軌道は図 4.13.2 に示した実線で表される曲線となる．ここでは，電子が $x = x_1$ の点を通過するときに，電場が負

から正（図 4.13.1 の下向きから上向き）に変わるとしたが，逆に正から負に変わるときには，電子の軌道は下にずれる（図 4.13.2）．

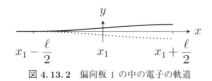

図 **4.13.2** 偏向板 1 の中の電子の軌道

(9) n が偶数のときには偏向板 2 でも同じ向きにずれるので，蛍光板上には点 O から式 (4.13.1) の 2 倍上下にずれた 2 つの輝点が現れる．n が奇数のときは，ずれる向きが逆になるので打ち消す結果，輝点は点 O の一点となる． □

■●● Coffee Break 9（モノポール（磁気単磁極））

　棒磁石を 2 つに切ると N 極と S 極が分離するのではなく，2 つの棒磁石になる．電荷は正負別々に存在するのに「磁荷」は存在しない．しかし，高校物理の教科書では，存在しないはずの 2 つの「磁荷」の間にはたらく力が距離の 2 乗に反比例するという磁気力に関するクーロンの法則が記載されている．ちなみに「磁荷」の単位は〔Wb〕である．このことを不思議に思ったことはないだろうか．

　電磁気学の基礎方程式であるマクスウェル方程式は，電荷（密度）と電流（密度）から電場と磁場が決定されるとする 4 つの方程式であるが，ここに「磁荷（密度）」と磁荷の移動による「磁流（密度）」を加えることは容易というかむしろ自然である．実際，これらの項を入れてもマクスウェル方程式に矛盾は生じない．

　1982 年 4 月にモノポール（磁荷をもつ粒子）の観測にはじめて成功したとの論文が，アメリカ物理学会が刊行する "Physical Review Letters" に掲載された．直径が約 5 cm の超伝導リングをモノポールが通過したイベントが 151 日間の観測中 1 例見つかったとするものであった．権威ある学術雑誌に掲載された実験結果であるから信頼がおけると思われたが，その後大規模に拡張された実験でも一切モノポールは見つからなかった．いまではなんらかの誤作動をモノポールによるものと誤認したのであろうと思われている．

　私たちの宇宙に磁荷が本当に存在しないとすると，自然がそれを選択しない理由がわからず，たまたまとしか言い様がないと思う．磁荷が存在するが電荷が存在しない宇宙がどこかに存在しているかもしれない．

第 5 章

発 展 問 題 1

　力学から電磁気学までの範囲で，少し手ごわい問題を用意した．問題設定だけでも楽しんでみよう．

ガリレイ

5.1 コリオリの力の導出と応用

■非慣性系における見かけの力   ★☆☆

水平でなめらかな面をもち，一定の角速度 ω で点 O を通る鉛直線を軸にして回転する台を考えよう．この回転台上で，質量 m の質点を点 O から距離が r の点に固定する（図 5.1.1）．この質点を回転台の外（以下では慣性系と呼ぶ）から見ると，質点は点 O の向きに向心力を受け等速円運動をしている．

この質点を回転台上（以下では非慣性系と呼ぶ）で観測すると，向心力がはたらいているのに静止しているので，非慣性系では慣性の法則が成り立たない．そこで，回転台上に静止している観測者には，向心力と同じ大きさで向き

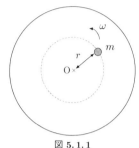

図 5.1.1

が逆の見かけの力（慣性力）がはたらいて，向心力とつりあっていると考えることにする．こうすれば，非慣性系である回転台の上でも慣性の法則が成り立つと考えることができる．この見かけの力を遠心力という．

慣性系では，向心力は質点の加速度に質量を掛けたものと等しい（運動方程式）．そこで遠心力は，慣性系から見た質点の加速度に質量を掛けたものの符号を変えたものとする．見かけの力にはその力を及ぼす物体は存在しないので，反作用はない．

■非慣性系で運動する物体にはたらく見かけの力   ★☆☆

非慣性系において静止している物体には遠心力がはたらく．それでは，物体が非慣性系で動いているとき，どのような見かけの力がはたらくかを考察してみよう．

問題 5.1.1

図 5.1.2 において，x, y は点 O を原点とする慣性系に固定された座標系である．質点は x 軸上を正の向きに一定の速さ v_0 で等速直線運動しており，時刻 $t = 0$ に原点を通過した．また，X, Y は点 O を原点とする非慣性系に固定された座標系を表す．慣性系から見るとこの座標系は，一定の角速度 ω で回転している．

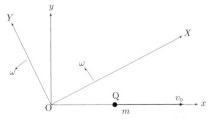

図 5.1.2   回転台の外（慣性系）から見た質点の運動

　非慣性系で質点を見ると，速さ v_0 で原点 O から離れていくと同時に，角速度 ω で時計回りに回転していく．時刻 t の質点の位置を Q とすると，$OQ = v_0 t$ である．このとき，非慣性系で見た質点の速度（その大きさを V とする）を図 5.1.3 に示した．この図で，OQ 方向の成分 $V_{//}$ ＝ $\boxed{\quad ア \quad}$，これに垂直な向きの成分 $V_{\perp}$ ＝ $\boxed{\quad イ \quad}$ となる．

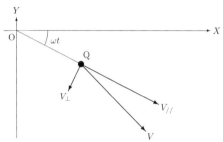

図 **5.1.3**　回転台（非慣性系）から見た質点の運動

　慣性系で等速直線運動していた質点は，非慣性系ではだんだん速くなっていく．これは，見かけの力（遠心力）が仕事をしたためであると考えられる．以下で，遠心力がした仕事を計算してみよう．

(1) 横軸を OQ の距離 r として遠心力の大きさ f^{CF} のグラフを描け．

(2) 時刻 0 s から t の間に遠心力がした仕事に対応する領域を斜線で前間のグラフに示し，その値を求めよ．

　回転台の上では，質点は右へ右へと曲がっていく．遠心力は常に OQ の向きだから，この非慣性系で運動する質点には，遠心力のほかに進む向きを右に曲げる見かけの力がはたらいていると考えられる．この力を第 2 の見かけの力と呼ぶことにする．

(3) 第 2 の見かけの力の向きを図 5.1.3 に矢印で示せ．

▶ 解　　$V_{//}$ は x 軸向きの速さで $\underline{v_0}_{\ \mathcal{7}}$．$V_{\perp}$ は半径 $v_0 t$，角速度 ω より $\underline{v_0 t\omega}_{\ \mathcal{1}}$．

(1) $f^{\mathrm{CF}} = mv_0 t\omega^2$　（図 5.1.4）

(2) 仕事はグラフ下の面積で与えられ，$\dfrac{1}{2}m\,(v_0 t\omega)^2$ となる．$V^2 = V_{//}{}^2 + V_{\perp}{}^2 = v_0^2 + (v_0 t\omega)^2$ であるから，その値は次のように運動エネルギーの増加に等しい．

$$\frac{1}{2}m\,(v_0 t\omega)^2 = \frac{1}{2}mV^2 - \frac{1}{2}mv_0{}^2$$

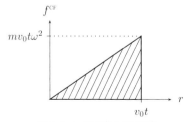

図 **5.1.4**　遠心力とその仕事

(3) 遠心力がした仕事が運動エネルギー
　　の増加に等しいので，第2の見かけの
　　力は質点に仕事をしない．したがっ
　　てその向きは，質点の速度と垂直で，
　　速度の向きを右向きに曲げることか
　　ら，図5.1.5のようになる．　　　　□

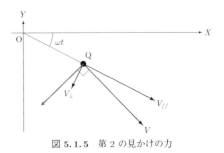

図 5.1.5　第 2 の見かけの力

■コリオリの力　　　　　　　　　　　　　　　　　　　　　　★★☆

　この第2の見かけの力を**コリオリの力**と呼ぶ．見かけの力は，非慣性系においてもニュートンの運動法則が成立するように導入されたものである．いまの場合，すでに非慣性系での速度成分である $V_{//}$, $V_{\perp}$ はわかっているので，これをもとに加速度を求め，どのような力がはたらいているかを計算できる．

> **問題 5.1.2**
>
> (4) 図 5.1.3 を参照して，回転台上に固定された座標系で速度の X 成分 $V_X(t)$，Y 成分 $V_Y(t)$ を求めよ．
>
> 　加速度の X 成分，Y 成分をそれぞれ $A_X(t)$, $A_Y(t)$ とする．加速度は単位時間当たりの速度変化だから，微小な時間 Δt を用いて
>
> $$A_X(t) \fallingdotseq \frac{V_X(t + \Delta t) - V_X(t)}{\Delta t}, \quad A_Y(t) \fallingdotseq \frac{V_Y(t + \Delta t) - V_Y(t)}{\Delta t} \tag{5.1.1}$$
>
> と表される．Δt の2次の項を無視すると，$\sin \omega \Delta t = \omega \Delta t$, $\cos \omega \Delta t = 1$ である．
>
> (5) 質点にはたらく見かけの力の X 成分 $F_X(t)$，Y 成分 $F_Y(t)$ を求めよ．
>
> (6) 質点にはたらく遠心力の X 成分 $f_X^{\mathrm{CF}}(t)$，Y 成分 $f_Y^{\mathrm{CF}}(t)$ を求めよ．
>
> (7) 質点にはたらくコリオリの力の X 成分 $f_X(t)$，Y 成分 $f_Y(t)$ およびその大きさ f を求めよ．

▶ **解**

(4) 図 5.1.3 より，

$$V_X(t) = V_{//} \cos \omega t - V_{\perp} \sin \omega t = v_0 \cos \omega t - v_0 t \omega \sin \omega t$$
$$V_Y(t) = -V_{//} \sin \omega t - V_{\perp} \cos \omega t = -v_0 \sin \omega t - v_0 t \omega \cos \omega t \tag{5.1.2}$$

(5) 加法定理で展開し，Δt の2次の項を無視すると，

$$\sin \omega (t + \Delta t) = \sin \omega t \cos \omega \Delta t + \cos \omega t \sin \omega \Delta t = \sin \omega t + \omega \Delta t \cos \omega t$$

$$\cos \omega (t + \Delta t) = \cos \omega t \cos \omega \Delta t - \sin \omega t \sin \omega \Delta t = \cos \omega t - \omega \Delta t \sin \omega t$$

となる．この式を用いて式 (5.1.2) より $V_X(t + \Delta t)$, $V_Y(t + \Delta t)$ を計算すると以下のように変形できる．

$$V_X(t + \Delta t) = v_0 \cos \omega(t + \Delta t) - v_0(t + \Delta t)\omega \sin \omega(t + \Delta t)$$
$$= v_0(\cos \omega t - \omega \Delta t \sin \omega t) - v_0(t + \Delta t)\omega(\sin \omega t + \omega \Delta t \cos \omega t)$$
$$\fallingdotseq V_X(t) - v_0\omega \left(2 \sin \omega t + \omega t \cos \omega t\right) \Delta t$$
$$V_Y(t + \Delta t) = -v_0 \sin \omega(t + \Delta t) - v_0(t + \Delta t)\omega \cos \omega(t + \Delta t)$$
$$= -v_0(\sin \omega t + \omega \Delta t \cos \omega t) - v_0(t + \Delta t)\omega(\cos \omega t - \omega \Delta t \sin \omega t)$$
$$\fallingdotseq V_Y(t) - v_0\omega \left(2 \cos \omega t - \omega t \sin \omega t\right) \Delta t$$

質点にはたらく力は，式 (5.1.1) より加速度を求めて質量をかけて以下のように求められる.

$$F_X(t) = mA_X(t) = -mv_0\omega(2 \sin \omega t + \omega t \cos \omega t)$$
$$F_Y(t) = mA_Y(t) = -mv_0\omega(2 \cos \omega t - \omega t \sin \omega t)$$

$$(5.1.3)$$

［研究］速度，加速度は微分を使うと見通しよく計算できる. 図 5.1.3 より，質点の非慣性系での座標は $X(t) = v_0 t \cos \omega t$, $Y(t) = -v_0 t \sin \omega t$. これを用いて，

$$V_X(t) = \frac{dX}{dt}, \quad V_Y(t) = \frac{dY}{dt}, \quad A_X(t) = \frac{dV_X}{dt}, \quad A_Y(t) = \frac{dV_Y}{dt}$$

(6) 遠心力は図 5.1.3 の OQ の向きで，その大きさは，半径 OQ=$v_0 t$, 速さ $V_\perp = v_0 t\omega$ で等速円運動する質点にはたらく遠心力の大きさに等しい.

$$f_X^{\mathrm{CF}}(t) = m\, v_0 t\, \omega^2 \cos \omega t$$
$$f_Y^{\mathrm{CF}}(t) = -m\, v_0 t\, \omega^2 \sin \omega t$$

$$(5.1.4)$$

(7) 式 (5.1.3) から式 (5.1.4) を引けばよい.

$$f_X(t) = F_X(t) - f_X^{\mathrm{CF}}(t) = -2mv_0\omega(\sin \omega t + \omega t \cos \omega t)$$
$$f_Y(t) = F_Y(t) - f_Y^{\mathrm{CF}}(t) = -2mv_0\omega(\cos \omega t - \omega t \sin \omega t)$$

$$(5.1.5)$$

式 (5.1.2), (5.1.5) より，コリオリの力は速度と直交していることがわかる. 実際,

$$f_X(t) = 2m\omega V_Y(t), \ f_Y(t) = -2m\omega V_X(t) \quad \Rightarrow \quad \vec{f} \cdot \vec{V} = f_X V_X + f_Y V_Y = 0$$

である. コリオリの力の大きさは

$$f = \sqrt{f_X(t)^2 + f_Y(t)^2} = 2mv_0\omega\sqrt{1 + (\omega t)^2} = 2m\omega V \qquad \qquad \Box$$

問題 5.1.3

　北極点に低気圧の中心があるとする．このとき，空気はまわりから押されて中心へ向かって動くが，地球が自転していることで発生するコリオリの力により，動く向きは右に曲げられる．十分時間が経つと，コリオリの力と低気圧の中心に向かう気圧差による力が逆向きになる．

(8) 十分時間が経ったときには，図 5.1.6 の点 A にある空気がどのように動くか図に示せ．

図 5.1.6　北極点近くの点 A

▶解

(8) 点 A 付近の空気の塊に着目する．図 5.1.7 のように反時計回りに等速円運動しているとき，コリオリの力の大きさは一定で中心（北極）と逆向きになる．一方，気圧差による力は中心向きで，コリオリの力との差が向心力となっている．　　　　　　　　　　　　　□

図 5.1.7　点 A からの空気の流れ

　実際には粘性により抵抗がはたらくので，空気の塊は減速してコリオリの力が小さくなる．そのため，空気の塊はらせん状の軌道で低気圧の中心に向かって近づいていき，中心付近で上昇する．

5.2 スイング・バイのメカニズム

　遠方の惑星へ向けて探査機を飛ばすとき，木星や土星などの万有引力を利用して加速し，所要時間を短縮する**スイング・バイ**という航法が用いられる．図 5.2.1 に，地球から天王星に向けて発射された探査機（楕円軌道を描く）が，木星を利用してスイング・バイを実施したときの軌道の例を示した．地球，木星，天王星は紙面上を反時計回りに公転している．木星の万有引力の効果は木星のごく近くでのみ顕著に表れるので，図 5.2.1 では探査機が木星の軌道を横切る瞬間に，その速度が $\vec{v}_{\text{in}}$ から $\vec{v}_{\text{out}}$ に変化したと見なした．このとき，地球から天王星までの所要時間は，スイング・バイをしない場合と比べておよそ 1/3 に短縮される．以下で，スイング・バイの機構について考察してみよう．なお，惑星の大きさや惑星間にはたらく万有引力は無視する．

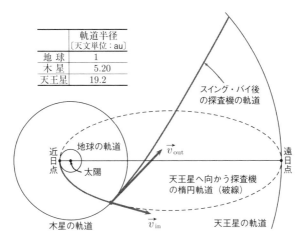

	軌道半径 〔天文単位：au〕
地 球	1
木 星	5.20
天王星	19.2

図 5.2.1　木星でスイング・バイを行い天王星へ向かう探査機の軌道

■惑星の運動　　　　　　　　　　　　　　　　　　　　★☆☆

　惑星の軌道は太陽を焦点の一つに置く楕円であるが，極めて円に近い．そこで，いずれの惑星も太陽を中心に置く同一平面（紙面）上の円軌道を描くと考えることにする．面積速度が一定であるから，惑星の運動は等速円運動となる．面積速度は惑星ごとに異なるが，公転周期の 2 乗を軌道半径（楕円軌道の場合には半長軸（長半径））の 3 乗で割った値は，すべての惑星に対して同じ値となる．これを**ケプラーの第 3 法則**という ▶第 1 巻 1.8 節．

問題 5.2.1

　惑星の質量を m, 軌道半径を r, 速さを v とし，太陽から惑星にはたらく万有引力の大きさを F とする.

(1) F を向心力とする運動方程式より v を求めよ.

(2) 公転周期 T を r と v を用いて表せ.

(3) $F = k\dfrac{m}{r^2}$ と表され，k がすべての惑星に共通の定数であるとき，$\dfrac{T^2}{r^3}$ がどの惑星でも同じ値になることを示せ.

▶ 解

(1) $m\dfrac{v^2}{r} = F$ より $v = \sqrt{\dfrac{rF}{m}}$

(2) $T = \dfrac{2\pi r}{v}$

(3) (1), (2) の結果を用いて，$\dfrac{T^2}{r^3} = \dfrac{4\pi^2 r^2}{v^2} \cdot \dfrac{1}{r^3} = \dfrac{4\pi^2}{r} \cdot \dfrac{m}{rF} = \dfrac{4\pi^2}{k}$ となる. この値は共通の定数 k のみを含み，個々の惑星に固有な m, r によらない. □

　作用・反作用の法則から，同じ大きさ F の力が惑星から太陽にはたらくので，F は太陽の質量 M にも比例すると考えられる. そこで，$k = GM$ とおけば $F = \dfrac{GMm}{r^2}$ となる. このように，等速円運動する惑星が，ケプラーの第 3 法則をみたすことから，万有引力の法則が導き出される. さらに，等速円運動ではなくてもケプラーの第 1，第 2 法則に従う運動，つまり楕円軌道上を面積速度が一定となる運動が行われるときでも，同じ形の万有引力の法則が示される.

■ 力学的エネルギー　　　　　　　　　　　　　　　　　　　　　　　★☆☆

　太陽の中心から距離が r の位置にある質量 m の物体を微小な距離だけ運ぶときに必要な仕事 ΔW は，太陽から動径方向に沿って移動した距離 Δr によって決まる.

問題 5.2.2

　万有引力の大きさは太陽から遠ざかるにつれて減少する. ここでは，Δr だけ遠くへ運ぶときの平均の力の大きさは，太陽からの距離が r と $r + \Delta r$ の地点での値の相乗平均（積の平方根）であると考える. このとき ΔW は次のように書くことができる.

$$\Delta W = \sqrt{\dfrac{GMm}{r^2} \cdot \dfrac{GMm}{(r + \Delta r)^2}} \times \Delta r$$
$$= \dfrac{GMm\Delta r}{r(r + \Delta r)} = GMm\left(\dfrac{1}{r} - \boxed{\quad \text{ア} \quad}\right)$$

太陽からの距離が r の位置から無限遠点まで運ぶ仕事 W は，Δr ずつ運ぶと考えて，

$W = \dfrac{GMm}{r}$ となる. 無限遠点を基準点とした万有引力による位置エネルギーは $-W$ であるから, 物体が太陽から距離 r の位置で速さ v で動いているときの力学的エネルギー E は, 問題 5.2.1 の結果を用いて次のようになる.

$$E = \frac{1}{2}mv^2 - \frac{GMm}{r} = -\frac{GMm}{2r} \tag{5.2.1}$$

(4) 地球の質量を m_E, 軌道半径を a_E とする. 地球の公転の速さ v_E は m_E には無関係で, $v_E = \sqrt{\dfrac{GM}{a_E}}$ となることを示せ.

G, M, a_E の値を代入すると, 地球の公転の速さとして次の値が得られる.

$$v_E \fallingdotseq 29.8 \times 10^3 \text{ m/s}$$

▶ **解**　通分と逆の計算 (部分分数分解という) により $\dfrac{\Delta r}{r(r + \Delta r)} = \dfrac{1}{r} - \dfrac{1}{r + \Delta r}$ ．ア

この変形により,

$$W = GMm\left\{\left(\frac{1}{r} - \frac{1}{r + \Delta r}\right) + \left(\frac{1}{r + \Delta r} - \frac{1}{r + 2\Delta r}\right) + \cdots\right\} = \frac{GMm}{r}$$

(4) 問題 5.2.1 の結果から

$$v = \sqrt{\frac{r}{m} \cdot \frac{GMm}{r^2}} = \sqrt{\frac{GM}{r}} \quad \Rightarrow \quad v_E = \sqrt{\frac{GM}{a_E}} \qquad \square$$

[研究] 一般に, 微小な仕事 ΔW を足し合わせて W を求めることは, 位置に関する積分で計算できる.

$$W = \int_r^\infty \frac{GMm}{r^2} dr = \left[-\frac{GMm}{r}\right]_r^\infty = \frac{GMm}{r}$$

ここでは, 万有引力の大きさが r の関数として下に凸であることから相加平均より小さくなる相乗平均を用いて巧みに計算している. しかしこのような技巧的な計算がいつでもできるわけではなく, 積分を使うことで一般的な取り扱いができるのである.

■ **飛行時間**　　　　　　　　　　　　　　　　　　　　　　　　　★☆☆

地球から発射された質量 m_0 の探査機は, 図 5.2.1 に示した楕円軌道 (近日点が地球の公転軌道上, 遠日点が天王星の公転軌道上) を通って天王星に向かう. このような, 円軌道から別の円軌道へ最小のエネルギーで移る楕円軌道を**ホーマン軌道**と呼ぶ.

問題 5.2.3

地球の軌道半径を 1 au (astronomical unit：天文単位) と表す. 天王星の軌道半径はおよそ 19.2 au であるから, この楕円軌道の半長軸の長さは, 天文単位を用いて $a_0 = \boxed{\quad イ \quad}$ au となる.

▶解　図 5.2.1 より, $a_0 = \dfrac{1 + 19.2}{2} = \underline{10.1}_{\text{イ}}$ au.　　　　□

a_0 の値を用いてケプラーの第 3 法則より周期 T が計算できる. 1 年を単位として地球の値と比較すれば, 以下のようになる.

$$\frac{T^2}{a_0{}^3} = \frac{(1\,\text{年})^2}{(1\,\text{au})^3} \quad \Rightarrow \quad T = \sqrt{a_0{}^3 \times \frac{(1\,\text{年})^2}{(1\,\text{au})^3}} \fallingdotseq 32.1\,\text{年}$$

天王星に到着するまでの時間は周期の半分であるから, およそ 16 年である. ホーマン軌道は最小のエネルギーで天王星に到達できる軌道であるが, 面積速度が一定なので太陽から遠ざかるにつれて遅くなり, 遠日点での速さは近日点での速さの $\dfrac{1}{19.2}$ 倍（地球と天王星の公転半径の比）にまで減少する. そのため航行時間が長くなる.

問題 5.2.4

地球からホーマン軌道で天王星に向かう探査機の近日点（地球の公転軌道上）での速さを v_0 とする. 探査機の軌道が楕円のときの力学的エネルギーは, 式 (5.2.1) の右辺で円の半径 r を半長軸の長さ a_0 に置き換えればよいことがわかっている.

(5) $v_0 = v_{\text{E}} \times \sqrt{2 - \dfrac{a_{\text{E}}}{a_0}}$ となることを示せ.

この値は探査機の質量 m_0 によらない. $\boxed{\text{イ}}$ で求めた a_0 の値を用いると

$$v_0 = v_{\text{E}} \times \sqrt{2 - \frac{1}{\boxed{\text{イ}}}} \fallingdotseq 41.1 \times 10^3\,\text{m/s}$$

ただし, 図 5.2.1 のように地球から天王星に向けて探査機を打ち出すとき, 地球に対する探査機の相対速度の大きさは $\boxed{\text{ウ}}$ である.

▶解

(5) $\dfrac{1}{2}m_0 v_0{}^2 - \dfrac{GMm_0}{a_{\text{E}}} = -\dfrac{GMm_0}{2a_0} \quad \Rightarrow \quad v_0 = \sqrt{\dfrac{2GM}{a_{\text{E}}} - \dfrac{GM}{a_0}} = v_{\text{E}} \times \sqrt{2 - \dfrac{a_{\text{E}}}{a_0}}.$

図 5.2.1 の状況では, 探査機の近日点における速度は地球の公転速度と同じ向きだから, $v_0 - v_{\text{E}} = \underline{11.3 \times 10^3\,\text{m/s}}_{\text{ウ}}$.　　　　□

■スイング・バイのメカニズム　　　　★★☆

問題 5.2.5

探査機が木星軌道を通過したとき, ちょうどそこに木星があり, その万有引力により探査機の軌道が図 5.2.1 の太線のように曲げられ, 速度が $\vec{v}_{\text{in}}$ から $\vec{v}_{\text{out}}$ に変わった. このときの木星の速度を $\vec{v}_{\text{J}}$ とする.

(6) 木星の公転軌道の半径を a_{J} として $\vec{v}_{\text{in}}, \vec{v}_{\text{J}}$ の大きさ $v_{\text{in}}, v_{\text{J}}$ を求めよ.

▶**解**

(6) v_{in} は，探査機の力学的エネルギー保存の法則から求める．

$$\frac{1}{2}m_0 v_{\mathrm{in}}{}^2 - \frac{GMm_0}{a_{\mathrm{J}}} = -\frac{GMm_0}{2a_0}$$

$$\Rightarrow \quad v_{\mathrm{in}} = \sqrt{\frac{2GM}{a_{\mathrm{J}}} - \frac{GM}{a_0}} = v_{\mathrm{E}} \times \sqrt{\frac{2a_{\mathrm{E}}}{a_{\mathrm{J}}} - \frac{a_{\mathrm{E}}}{a_0}}$$

木星は等速円運動していると考えるから，$v_{\mathrm{J}} = \sqrt{\dfrac{GM}{a_{\mathrm{J}}}} = v_{\mathrm{E}} \times \sqrt{\dfrac{a_{\mathrm{E}}}{a_{\mathrm{J}}}}$. □

G, M, a_{E}, a_{J}, a_0 の値を代入すると，

$$v_{\mathrm{in}} \fallingdotseq 15.9 \times 10^3 \text{ m/s}, \quad v_{\mathrm{J}} \fallingdotseq 13.1 \times 10^3 \text{ m/s}$$

であることがわかる．

問題 5.2.6

探査機の軌道が木星近くで曲がる様子を，木星を原点に置く座標系で考える（図 5.2.2）．この座標系で探査機は，速度 $\vec{V}_{\mathrm{in}}$ で木星に接近して軌道が曲げられ，速度が $\vec{V}_{\mathrm{out}}$ に変化して木星から離れていく．探査機の軌道がどれほど曲がるかは，探査機がどこまで木星に接近するかによって決まる．このとき，力学的エネルギー保存の法則から，$\left|\vec{V}_{\mathrm{in}}\right| = \left|\vec{V}_{\mathrm{out}}\right|$ である．

図 5.2.2 木星近くの探査機の軌道

$\vec{V}_{\mathrm{in}}$ と $\vec{v}_{\mathrm{in}}$ および $\vec{V}_{\mathrm{out}}$ と $\vec{v}_{\mathrm{out}}$ はともに木星の速度 $\vec{v}_{\mathrm{J}}$ だけ異なる．これらのベクトルを始点を重ねて表示すると，図 5.2.3 のようになる．

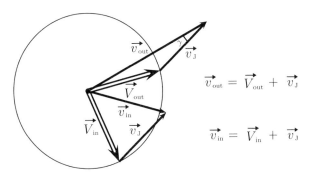

$$\vec{v}_{\mathrm{out}} = \vec{V}_{\mathrm{out}} + \vec{v}_{\mathrm{J}}$$

$$\vec{v}_{\mathrm{in}} = \vec{V}_{\mathrm{in}} + \vec{v}_{\mathrm{J}}$$

図 5.2.3 太陽を原点とする座標系のベクトルと木星を原点とする座標系のベクトルの関係

ここで，$\vec{v}_{\mathrm{in}}$, $\vec{V}_{\mathrm{in}}$, $\vec{v}_{\mathrm{J}}$ は探査機が木星に近づく前に決まっており，図 5.2.3 から $\left|\vec{V}_{\mathrm{in}}\right|$ の値が次のようになることがわかる．

$$|\vec{V}_{\text{in}}| = 14.7 \times 10^3 \, \text{m/s}$$

　図 5.2.3 で変化するベクトルは，$\vec{v}_{\text{out}}$ と $\vec{V}_{\text{out}}$ の 2 つである．ただし，その差は常に $\vec{v}_{\text{J}}$ である．しかも，$\vec{V}_{\text{out}}$ の大きさは，$\vec{V}_{\text{in}}$ の大きさと等しく一定だから，$\vec{V}_{\text{out}}$ の終点は，図 5.2.3 に示した半径 $|\vec{V}_{\text{in}}|$ の円周上を動く．このような関係があるため，$\vec{v}_{\text{out}}$ の向きを決めるとその大きさが決まる．$\vec{v}_{\text{out}}$ の向きを木星の速度 $\vec{v}_{\text{J}}$ となす角 γ で表すことにする．

(7) $|\vec{v}_{\text{out}}|$ の最大値を数値で答えよ．

(8) $|\vec{V}_{\text{in}}| = |\vec{V}_{\text{out}}| = V$ として $\vec{v}_{\text{out}}$ の大きさ v_{out} を求めよ．

(9) 太陽を原点とした座標系において，探査機の力学的エネルギーが増えた理由を簡潔に述べよ．

　探査機が地球の公転軌道から木星の公転軌道に達するまで，およびそこから天王星の公転軌道に達するまでの所要時間は，面積速度がそれぞれ一定であることを用いて計算でき，それぞれおよそ 1.24 年と 3.74 年となる．したがって，約 5 年で天王星まで到達できる．

▶**解**　　木星を原点とする座標系では，探査機がスイング・バイした後の速度 $\vec{V}_{\text{out}}$ の大きさは一定で，木星を始点とする矢印で表すと，その終点は木星を中心とする半径 $|\vec{V}_{\text{in}}|$ の円周上を動く．太陽を中心とする座標系から見ると，木星の速度が加えられるので，$\vec{v}_{\text{out}}$ の終点は図 5.2.4 に示すように，この円を $\vec{v}_{\text{J}}$ ずらした円周上の点となる．そのため $\vec{v}_{\text{out}}$ の大きさは，$\vec{V}_{\text{out}}$ の向きによって変化する．

図 **5.2.4** $\vec{v}_{\text{out}}$ の変化

(7) $|\vec{v}_{\text{out}}|$ が最大となるのは $\vec{V}_{\text{out}}$ が $\vec{v}_{\text{J}}$ と同じ向きを向くときで，その最大値は

$$|\vec{V}_{\text{out}}| + |\vec{v}_{\text{J}}| = 14.7 \times 10^3 + 13.1 \times 10^3 = 27.8 \times 10^3 \, \text{m/s}$$

(8) $\vec{V}_{\text{out}}, \vec{v}_{\text{out}}, \vec{v}_{\text{J}}$ が作る三角形において余弦定理を適用すると，

$$V^2 = v_{\text{out}}{}^2 + v_{\text{J}}{}^2 - 2v_{\text{out}}v_{\text{J}}\cos\gamma \tag{5.2.2}$$

が得られる．これを v_{out} に関する 2 次方程式と見なして解けば，

$$v_{\text{out}} = v_{\text{J}}\cos\gamma + \sqrt{(v_{\text{J}}\cos\gamma)^2 + V^2 - v_{\text{J}}^2}$$
$$= v_{\text{J}}\cos\gamma + \sqrt{V^2 - (v_{\text{J}}\sin\gamma)^2} \tag{5.2.3}$$

となる．ルートの前の複号は，$\gamma = 0$ のときに v_{out} が最大値 $V + v_{\text{J}}$ になるように選んだ．

(9) 木星から探査機にはたらく万有引力が仕事をしたため． □

図 5.2.5 に，$\vec{v}_{\mathrm{out}}$ の変化に対応したスイング・バイ後の軌道を示した．γ は経路角と呼ばれ，太陽と木星を結ぶ直線に垂直な向き（つまり $\vec{v}_{\mathrm{J}}$ の向き）から時計回りに測った $\vec{v}_{\mathrm{out}}$ の向きを示す角である．逆回りは負とし，$-90° \leqq \gamma \leqq 90°$ である．γ が正のときは太陽から遠ざかることを示し，γ が負のときは太陽に近づくことを示す．図 5.2.5 で γ が $0°$ から $50°$ までの軌道は双曲線，$60°$ の軌道は楕円である．これらの軌道をどのように計算するかは，後の節で取り扱う ▶5.4 節．

なお，v_{out} が最大となるのは $\gamma = 0$ のときであるが，天王星までの飛行距離は γ が大きくなるほど短くなるので，飛行時間が最短となる軌道は $\gamma = 0$ のときの軌道ではない．

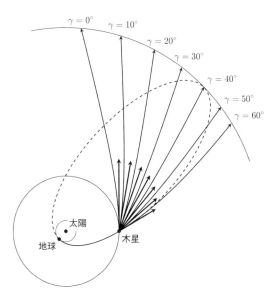

図 5.2.5 スイング・バイ後の探査機の軌道

5.3 ケプラー方程式

　惑星は楕円軌道上を面積速度が一定となるように動く（▶第1巻1.8節 ケプラーの第2法則）. そのため, 太陽に一番近い近日点で最も速くなり, 一番遠い遠日点で最も遅くなると定性的に説明される. しかし, 具体的に時刻 t における位置をどのように求めるかは, 一般的な大学初年次程度の力学では議論されない. 数式で簡潔な形で表現することが難しく, 無限級数となることがその理由であると思われる. ニュートンは, 図形を用いた幾何学的手法でこの問題を解いた. また, 今日ニュートン法と呼ばれる, 適当な近似解から出発して近似の精度を上げていく計算方法（逐次近似）も示している ▶コラム7 . 例えば, $a_0 = 1$ から始めて

$$a_{n+1} = \frac{a_n}{2} + \frac{1}{a_n}, \quad n = 0, 1, 2, \ldots \tag{5.3.1}$$

に従って a_n を計算すると, $\sqrt{2}$ の近似値が計算できる. この数列の収束は早く,

$$a_3 = \frac{577}{408} = 1.414215\cdots \tag{5.3.2}$$

は, 小数点以下5桁まで正しい値を与える.

　本節では, 位置と時刻の関係を調べるときに重要になるケプラー方程式を導く過程とこれを用いた解析に関する問題を考察する.

■ 楕円の表示　　　　　　　　　　　　　　　　　　　　　　　　　　　★★☆

　惑星の楕円軌道を

$$\frac{x^2}{a^2} + \frac{y^2}{b^2} = 1, \quad a > b > 0 \tag{5.3.3}$$

とする. a を長軸半径, b を短軸半径という. 以下で, 楕円に関するパラメータや関係式を導くが, それをまとめて図5.3.1に示したので, 適宜参照してほしい.

問題 5.3.1

　楕円上の各点は, 長軸上の2点 $(\pm k, 0)$（焦点という）からの距離の和が一定となっている. この値を 2ℓ とする.

(1) k, ℓ を a, b を用いて表せ.

▶解

(1) 楕円上の点を (x, y) とすると, 2つの焦点からの距離の和が 2ℓ となることから,

$$\sqrt{(x+k)^2 + y^2} + \sqrt{(x-k)^2 + y^2} = 2\ell$$

である. 左辺の第2項を右辺に移項して辺々2乗すると

$$(x+k)^2 + y^2 = (x-k)^2 + y^2 - 4\ell\sqrt{(x-k)^2 + y^2} + 4\ell^2$$

となる. これを整理して

$$\ell\sqrt{(x-k)^2 + y^2} = -kx + \ell^2$$

と書き換え，もう一度辺々 2 乗して

$$\ell^2\{(x-k)^2 + y^2\} = k^2x^2 - 2\ell^2kx + \ell^4$$

を得る．これを書き換えると

$$\frac{x^2}{\ell^2} + \frac{y^2}{\ell^2 - k^2} = 1 \tag{5.3.4}$$

となる．式 (5.3.3) と比較して，

$$\ell = a, \quad k = \sqrt{a^2 - b^2} \qquad\qquad \square$$

k/ℓ を**離心率**と呼び ε で表す．すなわち，

$$\varepsilon = \sqrt{1 - \left(\frac{b}{a}\right)^2}, \quad k = \varepsilon a$$

楕円を表す式 (5.3.3) は，次のように書き直せる．

$$x^2 + \left(\frac{a}{b}y\right)^2 = a^2 \tag{5.3.5}$$

この式は，半径 a の円を短軸の向きに $\dfrac{b}{a} = \sqrt{1 - \varepsilon^2}$ 倍に圧縮すると長軸半径 a，短軸半径 b の楕円となることを示している．この事実は後で用いる．

問題 5.3.2

楕円上の点 P と焦点 S を結ぶ線分 SP を動径，動径が長軸となす角 $\angle\mathrm{ASP} = \theta$ を**真近点離角**（true anomaly）と呼ぶ．

(2) 動径 r と真近点離角 θ の関係を求めよ．

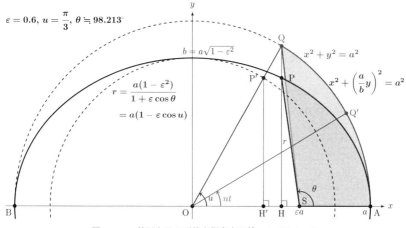

図 **5.3.1** 楕円とその形状を指定する種々のパラメータ

▶解

(2) 楕円の式 (5.3.3) に

$$x = \varepsilon a + r\cos\theta, \quad y = r\sin\theta, \quad b = a\sqrt{1-\varepsilon^2} \tag{5.3.6}$$

を代入して

$$\frac{(\varepsilon a + r\cos\theta)^2}{a^2} + \frac{(r\sin\theta)^2}{\left(a\sqrt{1-\varepsilon^2}\right)^2} = 1$$

となる. 分母を払って r の 2 次式とみて整理すると

$$(1+\varepsilon\cos\theta)(1-\varepsilon\cos\theta)\,r^2 + 2(1-\varepsilon^2)a\varepsilon\cos\theta\,r - \left\{a(1-\varepsilon^2)\right\}^2$$

$$= \left\{(1+\varepsilon\cos\theta)\,r - a(1-\varepsilon^2)\right\}\left\{(1-\varepsilon\cos\theta)\,r + a(1-\varepsilon^2)\right\} = 0 \tag{5.3.7}$$

と因数分解できる. ε は 1 より小さいので式 (5.3.7) の第 2 項は正で,

$$r = \frac{a(1-\varepsilon^2)}{1+\varepsilon\cos\theta} \tag{5.3.8}$$

が得られる.   □

　近点とは近日点のことで, 離角とは焦点から見て近日点の方向からどのくらい離れた (回転した) 向きに楕円上の点があるかを示す角を意味する.

　先に述べたように, 楕円は円を一方向に同じ割合で圧縮したものである. 円の方が対称性が高いため, 長軸半径 a の円に着目して楕円上の点を示すと便利である. そこで, 楕円の中心に着目して $\angle\mathrm{AOQ} = u$ を**離心近点離角** (eccentric anomaly) という. ここで, Q は楕円上の点ではなく, 楕円上の点 P を短軸に平行に a/b 倍に拡大し, 半径 a の円周上に移動させた点であることに注意してもらいたい.

問題 5.3.3

(3) 動径 r と離心近点離角 u の関係を求めよ.

▶解

(3) 楕円上の点を $\mathrm{P}(x,y)$ とすると, $x = \mathrm{OQ}\cos u = a\cos u$ である. 一方, $\triangle\mathrm{OQH}$ と $\triangle\mathrm{OP'H'}$ は相似な直角三角形で相似比は $a:b$ であるから, $\mathrm{P'H'} = \dfrac{b}{a}\mathrm{QH}$ となる. また, 点 P は楕円上の点だから, 先に説明したように $\mathrm{PH} = \dfrac{b}{a}\mathrm{QH}$ である. したがって, $y = \mathrm{PH} = \mathrm{P'H'} = b\sin u$ となる. 式 (5.3.6) と比べて,

$$x = a\cos u = \varepsilon a + r\cos\theta, \quad y = b\sin u = a\sqrt{1-\varepsilon^2}\,\sin u = r\sin\theta \tag{5.3.9}$$

が成り立つ. これらの式から,

$$r = \sqrt{(r\cos\theta)^2 + (r\sin\theta)^2} = \sqrt{(a\cos u - \varepsilon a)^2 + \left(a\sqrt{1-\varepsilon^2}\,\sin u\right)^2}$$

$$= a\sqrt{1 - 2\varepsilon\cos u + \varepsilon^2\cos^2 u} = a\,(1 - \varepsilon\cos u) \tag{5.3.10}$$

□

真近点離角 θ と離心近点離角 u は動径 r を介して関係づけられている.

$$r = \frac{a(1-\varepsilon^2)}{1+\varepsilon\cos\theta} = a(1-\varepsilon\cos u)$$

より,

$$\cos u = \frac{\cos\theta + \varepsilon}{1+\varepsilon\cos\theta}, \quad \cos\theta = \frac{\cos u - \varepsilon}{1-\varepsilon\cos u} \tag{5.3.11}$$

である. 一方, $y = a\sqrt{1-\varepsilon^2}\sin u = r\sin\theta$ より,

$$\sin u = \frac{\sqrt{1-\varepsilon^2}\sin\theta}{1+\varepsilon\cos\theta}, \quad \sin\theta = \frac{\sqrt{1-\varepsilon^2}\sin u}{1-\varepsilon\cos u} \tag{5.3.12}$$

となる. また $\theta = 0$ のとき $u = 0$ で, θ が 0 から π まで増加するとき $\theta > u$, $\theta = \pi$ のとき $u = \pi$ となる (図 5.3.1 参照). したがって $0 < \theta < \pi$ のとき $\tan\dfrac{\theta}{2}$ と $\tan\dfrac{u}{2}$ はいずれも正で, 半角公式と式 (5.3.11) を用いて次の関係式が得られる.

$$\tan\frac{\theta}{2} = \sqrt{\frac{1-\cos\theta}{1+\cos\theta}} = \sqrt{\frac{(1+\varepsilon)(1-\cos u)}{(1-\varepsilon)(1+\cos u)}} = \sqrt{\frac{1+\varepsilon}{1-\varepsilon}}\tan\frac{u}{2} \tag{5.3.13}$$

$\pi < \theta < 2\pi$ のとき $\tan\dfrac{\theta}{2}$ と $\tan\dfrac{u}{2}$ はいずれも負で式 (5.3.13) で導いた関係式はこのまま成り立つ. 図 5.3.1 では $\varepsilon = 0.6$, $u = \pi/3$ なので, θ は次のように求められる.

$$\tan\frac{\theta}{2} = \sqrt{\frac{1+0.6}{1-0.6}}\tan\frac{\pi}{6} = \frac{2}{\sqrt{3}} \quad \Rightarrow \quad \theta \fallingdotseq 98.213°$$

■ 惑星運動の範囲 ★★★

太陽のまわりの惑星の運動では, 力学的エネルギーと面積速度が一定になる. これらの値をそれぞれ E, $h/2$ とする. 太陽は焦点 S に固定され, その質量を M, 惑星の質量を m, 万有引力定数を G とすれば,

$$E = \frac{1}{2}mv^2 - \frac{GMm}{r} \tag{5.3.14}$$

$$h = r^2\frac{d\theta}{dt} \tag{5.3.15}$$

である.

問題 5.3.4

(4) 式 (5.3.6) より v^2 を求めよ.

(5) 次の式が成り立つことを示せ.

$$\frac{dr}{dt} = \pm\sqrt{\frac{2E}{m} + \frac{2GM}{r} - \frac{h^2}{r^2}} \tag{5.3.16}$$

(6) $\dfrac{dr}{dt} = 0$ となる r を求め, a と ε を E と h を用いて表せ.

▶ 解

(4) 式 (5.3.6) より

$$v^2 = \left(\frac{dx}{dt}\right)^2 + \left(\frac{dy}{dt}\right)^2 = \left(\frac{dr}{dt}\cos\theta - r\sin\theta\frac{d\theta}{dt}\right)^2 + \left(\frac{dr}{dt}\sin\theta + r\cos\theta\frac{d\theta}{dt}\right)^2$$

$$= \left(\frac{dr}{dt}\right)^2 + r^2\left(\frac{d\theta}{dt}\right)^2 \tag{5.3.17}$$

(5) 式 (5.3.15) により $\dfrac{d\theta}{dt}$ を消去すれば,

$$E = \frac{m}{2}\left\{\left(\frac{dr}{dt}\right)^2 + \frac{h^2}{r^2}\right\} - \frac{GMm}{r} \quad \Rightarrow \quad \left(\frac{dr}{dt}\right)^2 = \frac{2E}{m} + \frac{2GM}{r} - \frac{h^2}{r^2} \tag{5.3.18}$$

(6) $\dfrac{dr}{dt} = 0$ となる r を求めると

$$r = \frac{GMm}{2(-E)}\left(1 \pm \sqrt{1 - \frac{2(-E)h^2}{(GM)^2m}}\right) = r_{\pm} \tag{5.3.19}$$

となる. ここで, 太陽に束縛された惑星の運動では, 力学的エネルギー E が負であるので, $-E$ と表記した. この値を $r_{\pm}$ とする. これらの値は r が極大または極小になるところで, 遠日点と近日点の距離を表す. 図 5.3.1 より,

$$r_{\pm} = a(1 \pm \varepsilon) \tag{5.3.20}$$

なので, 楕円の形状を決めるパラメータ a と ε は E と h を用いて次の式で表される.

$$a = \frac{GMm}{2(-E)}, \quad \varepsilon = \sqrt{1 - \frac{2(-E)h^2}{(GM)^2m}} \tag{5.3.21}$$

第 1 式から, 楕円運動の力学的エネルギーは

$$E = -\frac{GMm}{2a} \tag{5.3.22}$$

となり, 長軸半径 a によって決まり, 離心率 (楕円の扁平の度合い) には依存しないことがわかる. □

式 (5.3.18) は次のように書くことができる.

$$E = \frac{m}{2}\left(\frac{dr}{dt}\right)^2 + U_{\mathrm{eff}}(r), \quad U_{\mathrm{eff}}(r) = \frac{mh^2}{2r^2} - \frac{GMm}{r}$$

この式は, 変数 r の 1 次元の運動に対応する力学的エネルギーで, U_{eff} を位置エネルギーとする力がはたらいていると考えられる. 図 5.3.2 に U_{eff} のグラフを示す. $E - U_{\mathrm{eff}} = \dfrac{m}{2}\left(\dfrac{dr}{dt}\right)^2 \geqq 0$ より運動範囲は $r_- \leqq r \leqq r_+$ に制限される.

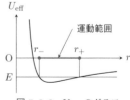

図 5.3.2 U_{eff} のグラフ

問題 5.3.5

$r_\pm$ を使うと，式 (5.3.16) は

$$\frac{dr}{dt} = \pm\sqrt{\frac{2(-E)}{m}\frac{(r_+ - r)(r - r_-)}{r^2}} \tag{5.3.23}$$

と書き換えられる．惑星が近日点を通過する瞬間を時刻 $t = 0$ とし，公転周期を T とする．以下は，$0 < t < T/2$ で考える．このとき $\dfrac{dr}{dt}$ は正である．

(7) $r = a(1 - \varepsilon\cos u)$ であることを用いて $\dfrac{du}{dt}$ を求めよ．

(8) $\dfrac{du}{dt}$ を積分して t を u の関数として表せ．

▶ 解

(7) $\dfrac{dr}{du} = a\varepsilon\sin u$ である．また，

$$(r_+ - r)(r - r_-) = \{a(1 + \varepsilon) - a(1 - \varepsilon\cos u)\}\{a(1 - \varepsilon\cos u) - a(1 - \varepsilon)\}$$
$$= a^2\varepsilon^2(1 - \cos^2 u) = (a\varepsilon\sin u)^2$$

より

$$\frac{dr}{dt} = \sqrt{\frac{2(-E)}{m}}\frac{\varepsilon\sin u}{1 - \varepsilon\cos u}$$

となる．したがって，

$$\frac{du}{dt} = \frac{du}{dr}\frac{dr}{dt} = \frac{dr}{dt}\bigg/\frac{dr}{du} = \frac{1}{a}\sqrt{\frac{2(-E)}{m}}\frac{1}{1 - \varepsilon\cos u}$$

(8) (7) の結果より $\dfrac{du}{dt}$ は u のみの関数だから変数分離法を適用できる．これを定積分で表すと

$$\int_0^t dt = a\sqrt{\frac{m}{2(-E)}}\int_0^u (1 - \varepsilon\cos u)\,du$$

である．この積分は容易に計算でき，

$$t = a\sqrt{\frac{m}{2(-E)}}\,(u - \varepsilon\sin u) \tag{5.3.24}$$

□

■ ケプラー方程式　　　　　　　　　　　　　　　　★★★

遠日点では $t = T/2$, $u = \pi$ だから，

$$\frac{T}{2} = a\sqrt{\frac{m}{2(-E)}}\,\pi \tag{5.3.25}$$

となる．$2\pi/T = n$ とおき，これを平均運動 (mean motion) という．これを用いると，式 (5.3.24) は次のように書き換えられる．

$$nt = u - \varepsilon \sin u \tag{5.3.26}$$

この式をケプラー方程式という．また，nt を平均近点離角（mean anomaly）という．

離心近点離角 u が与えられたときには，ケプラー方程式 (5.3.26) により平均近点離角 nt が計算できる．周期 T がわかっていればこのときの時刻 t がわかる．図 5.3.1 では $u = \pi/3$ なので

$$nt = \frac{\pi}{3} - 0.6 \sin \frac{\pi}{3} \fallingdotseq 0.5668 \text{ rad} \quad \Rightarrow \quad 30.228°$$

である．対応する点を図 5.3.1 の半径 a の円周上の点 Q′ で示した．なお，式 (5.3.25) より

$$T^2 = 4\pi^2 a^2 \frac{m}{2(-E)} = \frac{4\pi^2}{GM} a^3 \tag{5.3.27}$$

となって，ケプラーの第 3 法則が導かれる．

ここでわかったことを図 5.3.1 を用いてまとめておこう．時刻 t を指定すると，平均近点離角 nt に対応した半径 a の円周上の点 Q′ が決まる．Q′ はこの円周上を一定の速さで回転していく．ケプラー方程式から，対応する離心近点離角 u が求められ，対応する半径 a の円周上の点 Q が決まる．真近点離角 θ は式 (5.3.13) から計算できる．図形的には Q から楕円の長軸に対する垂線を引きこれが楕円と交わる点 P が時刻 t の惑星の位置となる．

ケプラー方程式 (5.3.26) は簡潔な形であるが，u を t の関数として簡単な形で書くことはできない．ニュートンは図形的にこれを解く方法と逐次近似による方法を見出した．後にベッセルにより，$\sin knt, k = 1, 2, 3, \ldots$ を用いた無限級数で表す解が示された．

問題 5.3.6

(9) 図 5.3.1 を用いてケプラーの第 2 法則に基づき，図形的にケプラー方程式を導け．

▶ 解

(9) 時刻 t における惑星の位置を P とし，惑星が近日点 A から P まで移動するときに動径が掃く面積を $S(t)$ とする．楕円軌道が囲む面積は πab だから，ケプラーの第 2 法則より

$$\frac{S(t)}{\pi ab} = \frac{t}{T} \tag{5.3.28}$$

が成り立つ．楕円は半径 a の円を短軸方向に b/a 倍に縮めたものだから

$$S(t) = \frac{b}{a} \times (\text{SAQ の面積})$$

となる．SAQ の面積は扇形 OAQ の面積から △OSQ の面積を引いたものだから，

$$\text{SAQ の面積} = \pi a^2 \times \frac{u}{2\pi} - \frac{1}{2}\varepsilon a \times a \sin u = \frac{a^2}{2}(u - \varepsilon \sin u)$$

である．よって式 (5.3.28) より

$$\frac{1}{\pi ab} \times \frac{b}{a} \times \frac{a^2}{2}(u - \varepsilon \sin u) = \frac{t}{T}$$

が得られる．この式を書き直せば，

$$\frac{2\pi}{T}t = u - \varepsilon \sin u$$

となる. □

問題 5.3.7

(10) 近日点を通過してから $T/6$（T は周期）の時間が経過したときの離心近点離角 u を, ニュートンの近似法 ▶コラム7 で小数点以下 5 桁まで求めてみよ. ただし, 離心率 $\varepsilon = 0.6$ とし, 初期値として $u_1 = 2\,\mathrm{rad}$ とせよ.

▶ **解**

(10) ケプラー方程式を解くため, 次のように $f(u)$ を定義しておく.

$$f(u) = u - \varepsilon \sin u - nt$$

ケプラー方程式は $f(u) = 0$ である. ここで,

$$nt = \frac{2\pi}{T} \times \frac{T}{6} = \frac{\pi}{3}$$

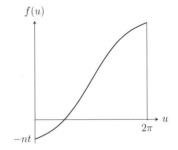

図 **5.3.3** $f(u)$ のグラフ

である. $f(u)$ グラフを図 5.3.3 に示した. $f(u) = 0$ となる u の付近で $f(u)$ は下に凸だから, 近似計算は $f(u_1) > 0$ のところから始めるのがよい.

$$f(2) = 0.40722\cdots$$

となっている.

$f'(u) = 1 - \varepsilon \cos u$ で,

$$u_{n+1} = u_n - \frac{f(u_n)}{f'(u_n)}, \quad n = 1, 2, 3, \ldots$$

にしたがって $u_1 = 2$ から始めて順次計算を進めると,

$$u_2 = 1.67414, \quad f(u_2) = 0.03014$$
$$u_3 = 1.64575, \quad f(u_3) = 0.00024$$
$$u_4 = 1.64552, \quad f(u_4) \sim 10^{-7}$$

となるので,

$$u_4 = 1.64552\,\mathrm{rad} \quad \text{または} \quad 94.281° \quad \Rightarrow \quad \theta = 2.27277\,\mathrm{rad} \quad \text{または} \quad 130.22°$$

□

u から θ への変換は式 (5.3.13) を用いた. ここでは $u_1 = 2$ と, 解に近い値から始めたので u_4 で小数点以下 5 桁の精度で解が求まったが, 例えば $u_1 = \pi$ としたらどのように解が決まるか確かめてみると面白いであろう.

ニュートンは u_n から

$$\Delta u_n = \frac{f(u_n)}{f'(u_n)}$$

を図形的に求める方法を示した. そして

$$u_n \;\rightarrow\; \Delta u_n \;\rightarrow\; u_{n+1} = u_n - \Delta u_n \;\rightarrow\; \Delta u_{n+1} \;\rightarrow\; \cdots$$

のように計算手順を繰り返し,

$$u_1 \;\rightarrow\; u_1 - \Delta u_1 \;\rightarrow\; u_1 - \Delta u_1 - \Delta u_2 \;\rightarrow\; u_1 - \Delta u_1 - \Delta u_2 - \Delta u_3$$

のように少しずつ修正して近似の精度を高めながら u を求める方法を示したのである.

コラム 7（★☆☆ニュートンの近似法）

方程式 $f(x) = 0$ の解を近似的に求めるニュートンの近似法（あるいはニュートン・ラフソン法）を紹介しよう.

いま, $f(a)$ と $f(b)$ で符号が異なり, 区間 $[a, b]$ で $f(x)$ は連続であるとする. さらに $f(x)$ は, $[a, b]$ で 2 階微分可能で, 定符号であるとする. このとき, 以下の操作を繰り返すことで $f(x) = 0$ をみたす x に近づいていくことができる.

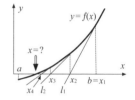

- $x_1 = b$ として, 曲線 $y = f(x)$ の $x = x_1$ における接線 ℓ_1 を求め, ℓ_1 が x 軸と交わる切片の座標を x_2 とする（$\ell_1 \colon y - f(x_1) = f'(x_1)(x - x_1)$ より, $x_2 = x_1 - \dfrac{f(x_1)}{f'(x_1)}$）.

- 曲線 $y = f(x)$ の $x = x_2$ における接線 ℓ_2 を求め, ℓ_2 が x 軸と交わる切片の座標を x_3 とする（$\ell_2 \colon y - f(x_2) = f'(x_2)(x - x_2)$ より, $x_3 = x_2 - \dfrac{f(x_2)}{f'(x_2)}$）.

- （繰り返す）

この操作を続けると, $x_1, x_2, \ldots$ は, 真の解 x に近づいていく. すなわち, $x_{n+1} = x_n - \dfrac{f(x_n)}{f'(x_n)}$ を繰り返すことによって徐々に解に近づいていく.

例　$f(x) = x^2 - 3$ のグラフの接線の x 切片を計算し, $\sqrt{3}$ の近似解を求めよ.

いま, $f(1) < 0, f(2) > 0$ であり, この区間 $[1, 2]$ で $f''(x) > 0$ であることがわかっている. $x_1 = 2$ として, 上記の方法で計算してゆくと,

$$x_2 = x_1 - \frac{{x_1}^2 - 3}{2x_1} = \frac{7}{4} = 1.75,$$

$$x_3 = x_2 - \frac{{x_2}^2 - 3}{2x_2} = \frac{97}{56} = 1.73214285\cdots,$$

$$x_4 = x_3 - \frac{{x_3}^2 - 3}{2x_3} = \frac{18817}{10864} = 1.73205081\cdots$$

真の値は $\sqrt{3} = 1.7320508076\cdots$ なので, 小数点以下 7 桁まで一致していることがわかる.

コラム 8 （★★☆ニュートンによるケプラー方程式の解法）

ケプラー方程式 (5.3.26) を解いて，u を t の関数として表すことは難しい．ニュートンはこの問題を図形を用いて解く方法を与えた（『プリンキピア』命題 31 問題 23）．図 5.3.4 をもとに，その方法を説明しよう．

半長軸の長さが a，離心率 ε の楕円を長軸が y 軸に重なるように置く．ここに，楕円が内接する半径 a の円（小円），これと中心 O を共有する半径 $\dfrac{a}{\varepsilon}$ の円（大円）を描く．この大円に接し，y 軸と直角に交わる直線（これを楕円の準線という）を引き x 軸とする．

惑星は時刻 $t = 0$ に y 軸上の近日点 A にいたとする．惑星の周期を T として時刻 t の惑星の位置 P は図 5.3.4 に示す作図で求められる．大円を縁とする円盤に点 A を貼り付けて x 軸上で転がす．点 A の x 座標が $2\pi\dfrac{a}{\varepsilon} \cdot \dfrac{t}{T} = \dfrac{a}{\varepsilon} \cdot nt$ となるときの位置を A' とする．このときの大円の x 軸上の位置を Y，中心を O' とすると，$\angle$YO'A' がケプラー方程式 (5.3.26) から決まる離心近点離角 u となる．実際，QY=Q'Y= $\dfrac{a}{\varepsilon} \cdot u$, XY= $a \sin u$ だから，

$$\mathrm{QX} = \mathrm{QY} - \mathrm{XY} = \frac{a}{\varepsilon} \cdot u - a \sin u = \frac{a}{\varepsilon}(u - \varepsilon \sin u) = \frac{a}{\varepsilon} \cdot nt \qquad (5.3.29)$$

となり，u がケプラー方程式 (5.3.26) の解となっていることが確認できる．この時刻 t での惑星の位置 P は点 A' から x 軸に平行に引いた直線が楕円と交わる点となる（図 5.3.1 参照）．

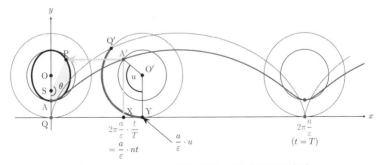

図 **5.3.4** ニュートンによるケプラー方程式の図形的解法

点 A' の座標は $x = \dfrac{a}{\varepsilon}(u - \varepsilon \sin u)$, $y = \dfrac{a}{\varepsilon}(1 - \varepsilon \cos u)$ で，サイクロイド曲線 ▶第 1 巻付録 A.2 （ただし，転がる円の内部の点の軌跡）である．

ニュートンは，さらに逐次近似の方法でケプラー方程式を数値的に解く方法を述べている．この説明も幾何学の言葉で述べられているので極めて難解である．おそらく，彼自身で開発した微積分を用いて考えられた手法を幾何学の言葉に翻訳したのであろうと推測されている．いまの言葉で表現すれば，$f(u) = u - \varepsilon \sin u - nt = 0$ をみたす u を数値的に求める方法を考案した．彼の方法は収束も早く（2 次収束といわれる）極めて有用でニュートン法（あるいはニュートン・ラフソン法）と呼ばれている．

5.4 惑星探査機の軌道計算

図 5.2.5 ▶5.2 節 に，木星でスイング・バイした後の探査機の軌道を示した．本節では，これらの軌道をどのように求めるかについて考察する．ここでの考察対象は探査機の軌道であるが，同じ手法で太陽に近づく彗星の位置と速度（速さと向き）からその軌道を決めることができる．

■ケプラーの第 1 法則　　　　　　　　　　　　　　　　　　　　　　　★★★

これまでは探査機の軌道が楕円となることは，ケプラーの第 1 法則 ▶第1巻 1.8 節 として使ってきたがこれを導いてみよう．運動方程式を解く（積分する）方法もあるが，ここでは力学的エネルギーと角運動量の保存則を用いて考察する．

問題 5.4.1

　問題 5.3.5 で導いた式 (5.3.23) と角運動量の保存則 $r^2 \dfrac{d\theta}{dt} = h$ を用いて

(1) $\dfrac{dr}{d\theta} = \dfrac{dr}{dt} \bigg/ \dfrac{d\theta}{dt}$ を求めよ．ただし，近日点から遠日点に向けて r が増加しているとする．

(2) $s = 1/r$ とし，式 (5.3.19) で定義した $r_{\pm}$ を用いて次の式を導け．

$$\frac{ds}{d\theta} = -\sqrt{\left(s - \frac{1}{r_+}\right)\left(\frac{1}{r_-} - s\right)} \tag{5.4.1}$$

(3) この式を積分し，r と θ との関係（軌道の方程式）を求めよ．

▶ **解**

(1) 惑星が近日点から遠日点へ向かうとき，式 (5.3.23) の複号は $+$ をとって

$$\frac{dr}{d\theta} = \frac{r}{h}\sqrt{\frac{2(-E)}{m}(r_+ - r)(r - r_-)} \tag{5.4.2}$$

(2)

$$\frac{ds}{d\theta} = -\frac{1}{r^2}\frac{dr}{d\theta} = -\frac{s}{h}\sqrt{\frac{2(-E)}{m}\left(r_+ - \frac{1}{s}\right)\left(\frac{1}{s} - r_-\right)}$$

$$= -\frac{1}{h}\sqrt{\frac{2(-E)}{m} r_+ r_-\left(s - \frac{1}{r_+}\right)\left(\frac{1}{r_-} - s\right)} \tag{5.4.3}$$

式 (5.3.19) で定義した $r_{\pm}$ より $r_+ r_- = \dfrac{mh^2}{2(-E)}$ となり，式 (5.4.1) が得られる．

(3) 式 (5.4.1) は変数分離形で，次の積分の形に書ける．

$$\int_{1/r_-}^{s} \frac{ds}{\sqrt{\left(s - \frac{1}{r_+}\right)\left(\frac{1}{r_-} - s\right)}} = -\int_0^\theta d\theta \tag{5.4.4}$$

ここで，近日点で $\theta = 0$, $s = 1/r_-$ として積分定数を決め，定積分の形に書いた．左辺分母の根号内を s について平方完成すると

$$\left(s - \frac{1}{r_+}\right)\left(\frac{1}{r_-} - s\right) = -\left\{s - \frac{1}{2}\left(\frac{1}{r_+} + \frac{1}{r_-}\right)\right\}^2 + \left\{\frac{1}{2}\left(\frac{1}{r_-} - \frac{1}{r_+}\right)\right\}^2$$

と変形できるので，

$$s - \frac{1}{2}\left(\frac{1}{r_+} + \frac{1}{r_-}\right) = \frac{1}{2}\left(\frac{1}{r_-} - \frac{1}{r_+}\right)\cos\phi \tag{5.4.5}$$

とおいて，積分変数を s から ϕ に置換する．近日点から遠日点へと移動するとき，s は $1/r_-$ から $1/r_+$ まで減少するので $\cos\phi$ は $+1$ から -1 まで減少し，ϕ は 0 から π まで増加する．このとき $\sin\phi \geqq 0$ である．また

$$ds = -\frac{1}{2}\left(\frac{1}{r_-} - \frac{1}{r_+}\right)\sin\phi\, d\phi$$

であるから式 (5.4.4) の左辺は

$$\int_{1/r_-}^{s} \frac{ds}{\sqrt{\left(s - \frac{1}{r_+}\right)\left(\frac{1}{r_-} - s\right)}} = \int_0^\phi \frac{-\frac{1}{2}\left(\frac{1}{r_-} - \frac{1}{r_+}\right)\sin\phi}{\frac{1}{2}\left(\frac{1}{r_-} - \frac{1}{r_+}\right)\sin\phi} d\phi = -\int_0^\phi d\phi$$

$$\tag{5.4.6}$$

となる．したがって，式 (5.4.4), (5.4.6) より $\phi = \theta$ となり，式 (5.4.5) が軌道の方程式を与える．これをスタンダードな表式に表せば，

$$r = \frac{\frac{2r_+ r_-}{r_+ + r_-}}{1 + \frac{r_+ - r_-}{r_+ + r_-}\cos\theta} = \frac{\frac{h^2}{GM}}{1 + \sqrt{1 - \frac{2(-E)h^2}{(GM)^2 m}}\cos\theta} \tag{5.4.7}$$

となる．分母の $\cos\theta$ の係数が離心率 ε である．また，式 (5.3.8) の楕円の定義式と比較して，半長軸の長さ a は次のようになる．

$$a = \frac{\frac{h^2}{GM}}{1 - \varepsilon^2} = \frac{GMm}{2(-E)} \qquad\qquad \Box$$

これを踏まえて，探査機が近日点から木星の公転軌道に達するまでの飛行時間を計算してみよう．地球の公転軌道から天王星の公転軌道へ向かう楕円軌道（図 5.2.1 参照）を考える．この軌道は，

$$r_- = 1\,\text{au (地球の軌道半径)}, \quad r_+ = 19.2\,\text{au (天王星の軌道半径)}$$

である．式 (5.3.20) より，半長軸の長さ a_0 と離心率 ε_0 は

$$a_0 = \frac{r_+ + r_-}{2} = 10.1\,\text{au}, \quad \varepsilon_0 = \frac{r_+ - r_-}{r_+ + r_-} = 0.901$$

となる．

> 問題 5.4.2
> (4) 探査機の楕円軌道が木星の公転軌道と交わるときの真近点離角 θ_J を求めよ.
> (5) 探査機が近日点から木星の公転軌道に達するまでの飛行時間を求めよ.

▶ 解

(4) 楕円の式 (5.3.8) において r を木星の軌道半径 $a_J = 5.20\,\text{au}$ として

$$\cos\theta_J = \frac{1}{\varepsilon_0}\left\{\frac{a_0}{a_J}(1-\varepsilon^2)-1\right\} \fallingdotseq -0.704 \quad \Rightarrow \quad \theta_J \fallingdotseq 2.35\,\text{rad}\ (135°)$$

(5) 式 (5.3.13) より離心近点離角 u_J は,逆三角関数 ▶第1巻 A.3節 を用いて次のように求められる.

$$u_J = 2\,\text{Tan}^{-1}\left(\sqrt{\frac{1-\varepsilon}{1+\varepsilon}}\tan\frac{\theta_J}{2}\right) \fallingdotseq 1.00\,\text{rad}\ (57.4°)$$

　一方,ケプラー方程式 (5.3.24) は式 (5.3.22) を用いて

$$t = \sqrt{\frac{a^3}{GM}}\,(u_J - \varepsilon\sin u_J)$$

と表される.地球の軌道半径を $a_E = 1\,\text{au}$ とすれば,地球の公転周期は 1 年だから,式 (5.3.27) より

$$\sqrt{\frac{a_E{}^3}{GM}} = \frac{1}{2\pi}\ \text{年}$$

となる.いまここで考察している楕円軌道では,$a_0 = 10.1\,\text{au} = 10.1 a_E$ だから,

$$t = \frac{\sqrt{10.1^3}}{2\pi}\,(u_J - \varepsilon\sin u_J) \fallingdotseq 1.24\ \text{年} \qquad\qquad □$$

　このように近日点から真近点離角 θ の点までの飛行時間は,離心近点離角 u を用いたケプラー方程式を経由して容易に求めることができる.これを公式として次に示しておく.

$$t = \sqrt{\frac{a^3}{\mu}}\left\{2\,\text{Tan}^{-1}\left(\sqrt{\frac{1-\varepsilon}{1+\varepsilon}}\tan\frac{\theta}{2}\right) - \varepsilon\frac{\sqrt{1-\varepsilon^2}\sin\theta}{1+\varepsilon\cos\theta}\right\} \qquad (5.4.8)$$

ここで $\mu = GM$ は**重力定数**と呼ばれる.

■ スイング・バイ後の軌道 　　　　　　　　　　　　　　　　　　　　　　★★★

　スイング・バイにより運動エネルギーが増えて力学的エネルギーが正になると,図 5.3.2 で運動可能範囲が無限遠までになることからわかるように,探査機は無限の彼方へと飛び去る.これは,軌道が双曲線になったことを意味する.実際,式 (5.3.21) で $E > 0$ であることを考慮すると楕円の形状を決めるパラメータ a と ε は E と h を用いて

$$a = \frac{GMm}{2E}, \quad \varepsilon = \sqrt{1 + \frac{2Eh^2}{(GM)^2 m}} \qquad (5.4.9)$$

となり,離心率 ε は 1 より大きくなる.また,楕円軌道を表す式 (5.3.8) は,E の符号が変わることから

$$r = \frac{a(\varepsilon^2 - 1)}{1 + \varepsilon \cos\theta} \tag{5.4.10}$$

と表される.

式 (5.4.10) は, 双曲線を表すことがわかっているが, 直感的には, 離心率が 1 より大きいことから, b^2 を $-b^2$ に置き換えたものになっていると考えればよい. 双曲線は, 2 焦点からの距離の差が一定となっている. そのため, どちらの焦点に近いかにより 2 つの曲線になる. 引力のときには太陽に近い方の軌道となる. 同種の電荷間にはたらく静電気力のように斥力のときには, 電荷から遠い方の軌道を描く. 力学的エネルギー E と単位質量当たりの角運動量の大きさ (面積速度の 2 倍) h で表せば楕円, 双曲線のどちらも

$$r = \frac{h^2/GM}{1 + \varepsilon \cos\theta}, \quad \varepsilon = \sqrt{1 + \frac{2Eh^2}{(GM)^2 m}}$$

と表すことができ便利である. $0 < \varepsilon < 1$ $(E < 0)$ なら楕円, $1 < \varepsilon$ $(E > 0)$ なら双曲線である.

図 5.4.1 は, 木星に速度 $\vec{v}_{\rm in}$ で接近した探査機がスイング・バイにより速度 $\vec{v}_{\rm out}$ で離れていく様子を示したものである. ここで, スイング・バイは一点で瞬間的に行われると見なしている. $\vec{v}_{\rm out}$ の大きさを $v_{\rm out}$ とし, 向きを太陽と木星を結ぶ直線に垂直な向きから測った経路角 γ で表す. スイング・バイ後の軌道の近日点 (太陽に一番近い点) の向きを, 太陽から木星への向きから測って θ_0, 太陽と木星の距離を $a_{\rm J}$ とする. このとき, 探査機の質量を m として, E と h は次の式で与えられる.

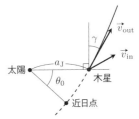

図 **5.4.1** スイング・バイ後の軌道

$$E = \frac{1}{2}m v_{\rm out}{}^2 - \frac{GMm}{a_{\rm J}}, \quad h = a_{\rm J} v_{\rm out} \cos\gamma \tag{5.4.11}$$

問題 5.4.3

木星でスイング・バイした後の探査機の軌道を太陽からの距離 r と, 太陽から近日点の向きから測った角 θ で表す. 両者の間には

$$r = \frac{h^2/\mu}{1 + \varepsilon \cos\theta} \tag{5.4.12}$$

の関係があるとする. ここで $h = r^2 \dfrac{d\theta}{dt}$, 重力定数 $\mu = GM$ である.

(6) 探査機の速度の動径成分 $\dfrac{dr}{dt}$ を θ を用いて表せ.

(7) 探査機の速度の角度成分 $r\dfrac{d\theta}{dt}$ を θ を用いて表せ.

図 5.4.1 より, $\theta = \theta_0$ のとき,

$$\frac{dr}{dt} = v_{\text{out}} \sin\gamma, \quad r\frac{d\theta}{dt} = v_{\text{out}} \cos\gamma$$

である.

(8) θ_0 と探査機の軌道の離心率 ε を求めよ.

▶解

(6) 式 (5.4.12) より

$$\frac{dr}{dt} = -\frac{h^2/\mu}{(1+\varepsilon\cos\theta)^2} \times (-\varepsilon\sin\theta)\,\frac{d\theta}{dt} = \frac{\mu}{h^2}\,r^2\varepsilon\sin\theta\,\frac{h}{r^2} = \frac{\mu}{h}\,\varepsilon\sin\theta$$

(7)

$$r\frac{d\theta}{dt} = \frac{h}{r} = \frac{\mu}{h}\,(1+\varepsilon\cos\theta)$$

(8) (6), (7) の結果と式 (5.4.11) より

$$\begin{cases} \dfrac{\mu}{h}\varepsilon\sin\theta = v_{\text{out}}\sin\gamma \\[2mm] \dfrac{\mu}{h}(1+\varepsilon\cos\theta) = v_{\text{out}}\cos\gamma \end{cases}$$

$$\Rightarrow \quad \begin{cases} \varepsilon\sin\theta_0 = \dfrac{h}{\mu}\,v_{\text{out}}\sin\gamma = \dfrac{a_{\text{J}}v_{\text{out}}{}^2}{\mu}\,\cos\gamma\sin\gamma \\[2mm] \varepsilon\cos\theta_0 = \dfrac{h}{\mu}\,v_{\text{out}}\cos\gamma - 1 = \dfrac{a_{\text{J}}v_{\text{out}}{}^2}{\mu}\,\cos^2\gamma - 1 \end{cases}$$

となるので,

$$\tan\theta_0 = \frac{\varepsilon\sin\theta_0}{\varepsilon\cos\theta_0} = \frac{\dfrac{a_{\text{J}}v_{\text{out}}{}^2}{\mu}\,\cos\gamma\sin\gamma}{\dfrac{a_{\text{J}}v_{\text{out}}{}^2}{\mu}\,\cos^2\gamma - 1} \tag{5.4.13}$$

$$\varepsilon = \sqrt{(\varepsilon\sin\theta_0)^2 + (\varepsilon\cos\theta_0)^2} = \sqrt{1 + \left(\frac{a_{\text{J}}v_{\text{out}}{}^2}{\mu} - 2\right)\frac{a_{\text{J}}v_{\text{out}}{}^2}{\mu}\,\cos^2\gamma} \tag{5.4.14}$$

$\square$

　このように, スイング・バイ後の探査機の軌道が決定される. 軌道が双曲線になるか, 楕円になるかは離心率が 1 より大きいか小さいかで決まる. 式 (5.4.11) で $\mu = GM$ として

$$\frac{a_{\text{J}}v_{\text{out}}{}^2}{\mu} - 2 = \frac{2a_{\text{J}}}{\mu m}\,E$$

と書き換えられるので,

$$E > 0 \quad \Rightarrow \quad \varepsilon > 1 : 双曲線$$

$$E < 0 \quad \Rightarrow \quad \varepsilon < 1 : 楕円$$

であることがわかる.

■ 飛行時間 ★★★

軌道の形状が決まれば，角運動量の保存則（ケプラーの第 2 法則 ▶第 1 巻 1.8 節 ）と組み合わせて飛行時間を計算することができる．

問題 5.4.4

(9) 近日点から θ の点までの飛行時間 t が次の積分で求められることを示せ.

$$t = \frac{h^3}{\mu^2} \int_0^\theta \frac{d\theta}{(1 + \varepsilon \cos\theta)^2} \tag{5.4.15}$$

(10) 次の関係式が成り立つことを示せ.

$$\frac{1}{(1 + \varepsilon \cos\theta)^2} = \frac{1}{1 - \varepsilon^2} \left\{ \frac{1}{1 + \varepsilon \cos\theta} - \frac{d}{dt} \left(\frac{\varepsilon \sin\theta}{1 + \varepsilon \cos\theta} \right) \right\}$$

この式を使うと

$$t = \frac{h^3}{\mu^2 (1 - \varepsilon^2)} \left(\int_0^\theta \frac{d\theta}{1 + \varepsilon \cos\theta} - \frac{\varepsilon \sin\theta}{1 + \varepsilon \cos\theta} \right) \tag{5.4.16}$$

となり，式 (5.4.15) より積分計算が簡単になる. $I = \displaystyle\int_0^\theta \frac{d\theta}{1 + \varepsilon \cos\theta}$ とおく.

(11) 次の関係式が成り立つことを示せ.

$$I = \frac{2}{1 + \varepsilon} \int_0^{\tan\frac{\theta}{2}} \frac{d\alpha}{1 + \left(\frac{1-\varepsilon}{1+\varepsilon} \right) \alpha^2} \tag{5.4.17}$$

▶ 解

(9) $r^2 \dfrac{d\theta}{dt} = h$ と式 (5.4.12) より

$$\frac{d\theta}{dt} = \frac{h}{r^2} = h \times \frac{\mu^2}{h^4} (1 + \varepsilon \cos\theta)^2 \quad \Rightarrow \quad dt = \frac{h^3}{\mu^2} \frac{d\theta}{(1 + \varepsilon \cos\theta)^2}$$

となる. これを $t = 0$ のときに $\theta = 0$ として積分すれば式 (5.4.15) が得られる.

(10) 右辺に含まれている微分を実行すると

$$\frac{d}{dt} \left(\frac{\varepsilon \sin\theta}{1 + \varepsilon \cos\theta} \right) = \frac{\varepsilon \cos\theta (1 + \varepsilon \cos\theta) - \varepsilon \sin\theta (-\varepsilon \sin\theta)}{(1 + \varepsilon \cos\theta)^2} = \frac{\varepsilon \cos\theta + \varepsilon^2}{(1 + \varepsilon \cos\theta)^2}$$

$$= \frac{1}{1 + \varepsilon \cos\theta} + \frac{\varepsilon^2 - 1}{(1 + \varepsilon \cos\theta)^2}$$

となり，これを $1 - \varepsilon^2$ で割って書き直せばよい.

(11) $\alpha = \tan\dfrac{\theta}{2}$ とおく（三角関数を含む積分を有理関数に書き直す常套手段）と

$$d\alpha = \frac{d\theta/2}{\cos^2 \frac{\theta}{2}} = \left(1 + \tan^2 \frac{\theta}{2} \right) \frac{d\theta}{2} = \frac{1 + \alpha^2}{2} d\theta \quad \Rightarrow \quad d\theta = \frac{2 d\alpha}{1 + \alpha^2}$$

$$\cos\theta = \cos\left(2 \cdot \frac{\theta}{2} \right) = 2\cos^2 \frac{\theta}{2} - 1 = \frac{2}{1 + \alpha^2} - 1 = \frac{1 - \alpha^2}{1 + \alpha^2}$$

となるので，$\theta = 0$ のとき $\alpha = 0$ であることから

$$I = \int_0^{\tan\frac{\theta}{2}} \frac{\frac{2d\alpha}{1+\alpha^2}}{1 + \varepsilon\frac{1-\alpha^2}{1+\alpha^2}} = \frac{2}{1+\varepsilon} \int_0^{\tan\frac{\theta}{2}} \frac{d\alpha}{1 + \left(\frac{1-\varepsilon}{1+\varepsilon}\right)\alpha^2} \qquad \Box$$

ここまでの計算は，軌道が楕円か双曲線かによらず共通である．式 (5.4.17) の積分を行うときに違いが現れる．楕円の場合は $\varepsilon < 1$ なので

$$\int_0^p \frac{dx}{1+x^2} = \mathrm{Tan}^{-1}p \tag{5.4.18}$$

を使う．この積分計算は $x = \tan\phi$ と置換すれば原始関数が $\phi = \mathrm{Tan}^{-1}x$ となることから容易に確かめられる．双曲線の場合は $\varepsilon > 1$ なので

$$\int_0^p \frac{dx}{1-x^2} = \frac{1}{2}\log\left|\frac{1+p}{1-p}\right| \tag{5.4.19}$$

を使う．この積分計算では

$$\frac{1}{1-x^2} = \frac{1}{2}\left(\frac{1}{1+x} + \frac{1}{1-x}\right)$$

と変形（部分分数分解という）すればよい．

問題 5.4.5
(12) 近日点から θ の点までの飛行時間 t を求めよ．

▶ **解**

(12) 楕円の場合，式 (5.4.17) で $\sqrt{\dfrac{1-\varepsilon}{1+\varepsilon}}\,\alpha = x$ とおくと

$$I = \frac{2}{1+\varepsilon}\int_0^{\sqrt{\frac{1-\varepsilon}{1+\varepsilon}}\tan\frac{\theta}{2}} \frac{\sqrt{\frac{1+\varepsilon}{1-\varepsilon}}\,dx}{1+x^2} = \frac{2}{\sqrt{1-\varepsilon^2}} \times \mathrm{Tan}^{-1}\left(\sqrt{\frac{1-\varepsilon}{1+\varepsilon}}\,\tan\frac{\theta}{2}\right)$$

となる．双曲線の場合は，式 (5.4.17) で $\sqrt{\dfrac{\varepsilon-1}{\varepsilon+1}}\,\alpha = x$ とおくと

$$I = \frac{2}{1+\varepsilon}\int_0^{\sqrt{\frac{\varepsilon-1}{\varepsilon+1}}\tan\frac{\theta}{2}} \frac{\sqrt{\frac{\varepsilon+1}{\varepsilon-1}}\,dx}{1-x^2} = \frac{2}{\sqrt{\varepsilon^2-1}} \times \frac{1}{2}\log\left|\frac{1+\sqrt{\frac{\varepsilon-1}{\varepsilon+1}}\tan\frac{\theta}{2}}{1-\sqrt{\frac{\varepsilon-1}{\varepsilon+1}}\tan\frac{\theta}{2}}\right|$$

また，楕円の式から

$$\frac{h^2}{\mu} = a(1-\varepsilon^2) \quad\Rightarrow\quad \frac{h^3}{\mu^2(1-\varepsilon^2)} = \sqrt{\frac{a^3}{\mu}\,(1-\varepsilon^2)}$$

双曲線の式から

$$\frac{h^2}{\mu} = a(\varepsilon^2-1) \quad\Rightarrow\quad \frac{h^3}{\mu^2(1-\varepsilon^2)} = -\sqrt{\frac{a^3}{\mu}\,(\varepsilon^2-1)}$$

と書き直せる．

これらの結果を総合して，楕円の飛行時間は

$$t = \sqrt{\frac{a^3}{\mu}} \left\{ 2\,\mathrm{Tan}^{-1}\left(\sqrt{\frac{1-\varepsilon}{1+\varepsilon}} \tan\frac{\theta}{2} \right) - \frac{\varepsilon\sqrt{1-\varepsilon^2}\sin\theta}{1+\varepsilon\cos\theta} \right\} \tag{5.4.20}$$

となる．こうしてケプラー方程式を用いて以前導出した公式 (5.4.8) が再現される．双曲線の飛行時間は次の式で与えられる．

$$t = \sqrt{\frac{a^3}{\mu}} \left\{ -\log\left(\frac{1+\sqrt{\frac{\varepsilon-1}{\varepsilon+1}}\tan\frac{\theta}{2}}{1-\sqrt{\frac{\varepsilon-1}{\varepsilon+1}}\tan\frac{\theta}{2}} \right) + \frac{\varepsilon\sqrt{\varepsilon^2-1}\sin\theta}{1+\varepsilon\cos\theta} \right\} \tag{5.4.21}$$

$\square$

式 (5.4.21) の log の中は正なので，絶対値を括弧に変えた．

問題 5.4.6

(13) 軌道が双曲線のとき，次の不等式が成り立つことを示せ．

$$\left| \sqrt{\frac{\varepsilon-1}{\varepsilon+1}} \tan\frac{\theta}{2} \right| < 1$$

▶ **解**

(13) 双曲線を式 (5.4.12) で表すとき，離心率 ε が 1 より大きいので，θ の範囲が

$$1 + \varepsilon\cos\theta > 0 \quad \Rightarrow \quad -\frac{1}{\varepsilon} < \cos\theta < \frac{1}{\varepsilon}$$

となるように制限される．そこで，$\theta_{\max}$ を $1 + \varepsilon\cos\theta_{\max} = 0$，$0 < \theta_{\max} < \pi$ と定義すれば，次の不等式が成り立つ．

$$-\frac{\pi}{2} < -\frac{\theta_{\max}}{2} < \frac{\theta}{2} < \frac{\theta_{\max}}{2} < \frac{\pi}{2} \quad \Rightarrow \quad \left| \tan\frac{\theta}{2} \right| < \tan\frac{\theta_{\max}}{2}$$

$\cos\theta_{\max} = -\dfrac{1}{\varepsilon}$ だから，半角公式を用いて

$$\tan\frac{\theta_{\max}}{2} = \frac{\sin(\theta_{\max}/2)}{\cos(\theta_{\max}/2)} = \sqrt{\frac{1-\cos\theta_{\max}}{1+\cos\theta_{\max}}} = \sqrt{\frac{\varepsilon+1}{\varepsilon-1}}$$

となり

$$\left| \tan\frac{\theta}{2} \right| < \tan\frac{\theta_{\max}}{2} \quad \Rightarrow \quad \left| \sqrt{\frac{\varepsilon-1}{\varepsilon+1}}\tan\frac{\theta}{2} \right| < 1 \qquad \square$$

■ **木星から天王星へ** ★★☆

5.2 節で考察した木星から天王星へ向かう探査機の飛行時間を具体的に求めてみよう．以下で，地球，木星，天王星は太陽を中心とする等速円運動を行うとし，それぞれの軌道半径を

$$a_{\mathrm{E}} = 1\,\mathrm{au}, \quad a_{\mathrm{J}} \fallingdotseq 5.20\,\mathrm{au}, \quad a_{\mathrm{U}} \fallingdotseq 19.2\,\mathrm{au}$$

とする．地球と木星の速さは

$$v_\text{E} = \sqrt{\frac{\mu}{a_\text{E}}} \fallingdotseq 29.8\,\text{km/s}, \quad v_\text{J} = \sqrt{\frac{\mu}{a_\text{J}}} = v_\text{E}\sqrt{\frac{a_\text{E}}{a_\text{J}}} \fallingdotseq 13.1\,\text{km/s}$$

となる.

　探査機の運動に関するこれまでの考察をまとめておこう. 探査機はまず, 近日点で地球の公転軌道に接し ($r_- = a_\text{E}$), 遠日点で天王星の公転軌道に接する ($r_+ = a_\text{U}$) 楕円軌道（ホーマン軌道）上を木星の公転軌道まで飛行する. この楕円軌道の長軸半径の長さは $a_0 = (a_\text{E} + a_\text{U})/2 = 10.1\,\text{au}$, 探査機が木星の公転軌道に達したときの速さ v_in は力学的エネルギー保存則により

$$\frac{1}{2}mv_\text{in}^2 - \frac{\mu m}{a_\text{J}} = -\frac{\mu m}{2a_0} \quad \Rightarrow \quad v_\text{in} = v_\text{E}\sqrt{\frac{2a_\text{E}}{a_\text{J}} - \frac{a_\text{E}}{a_0}} \fallingdotseq 15.9\,\text{km/s}$$

となる. 数値を計算するときは, μ の値を用いる代わりに $\mu = a_\text{E}v_\text{E}^2$ として a_E, v_E の値を用いるのが便利である.

　木星の公転軌道に達した探査機は, 木星の引力によるスイング・バイを受け, 速さ v_out で経路角 γ の向きに打ち出される（図 5.4.1 参照）. 太陽系内の物体の運動は太陽の引力に支配されており, 木星の引力の影響は木星の近くに限定される. ここでは, 探査機が木星の軌道に達した瞬間に速度が $\vec{v}_\text{in}$ から $\vec{v}_\text{out}$ に変わるとする. 経路角 γ と v_out の関係は式 (5.2.3) で求めた

$$v_\text{out} = v_\text{J}\cos\gamma + \sqrt{(v_\text{J}\cos\gamma)^2 + V^2 - v_\text{J}^2} \tag{5.4.22}$$

である. ここで V はスイング・バイ直前の木星から見た探査機の速度 $\vec{V}_\text{in} = \vec{v}_\text{in} - \vec{v}_\text{J}$ の大きさを表す（図 5.4.2）.

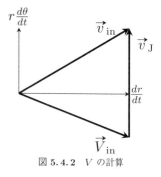

　速度 $\vec{v}_\text{in}$ を太陽からの距離が遠ざかる向きの成分 $\dfrac{dr}{dt}$ とこれに直交する向きの成分 $r\dfrac{d\theta}{dt}$ に分解して考えよう. 後者は木星の速度 $\vec{v}_\text{J}$ の向きである. 探査機は天王星に向かう楕円軌道が木星の公転軌道と交わる点にあるので,

$$r\frac{d\theta}{dt}\bigg|_{r=a_\text{J}} = \frac{h}{a_\text{J}} = \frac{v_0 a_\text{E}}{a_\text{J}} \fallingdotseq 7.90\,\text{km/s} \tag{5.4.23}$$

と求めることができる. ここで v_0 は楕円軌道の近日点（地球）での探査機の速さで,

図 5.4.2　V の計算

$$v_0 = v_\text{E}\sqrt{2 - \frac{a_\text{E}}{a_0}} \fallingdotseq 41.1\,\text{km/s}$$

となることは 5.2 節で求めた.

問題 5.4.7

(14) V を求めよ.

▶解

(14) 図 5.4.2 より

$$V = \sqrt{\left(\frac{dr}{dt}\right)^2 + \left(r\frac{d\theta}{dt} - v_{\mathrm{J}}\right)^2} = \sqrt{v_{\mathrm{in}}{}^2 + v_{\mathrm{J}}{}^2 - 2\left(\frac{v_0 a_{\mathrm{E}}}{a_{\mathrm{J}}}\right)v_{\mathrm{J}}} \fallingdotseq 14.7\,\mathrm{km/s} \quad \square$$

スイング・バイ後の軌道は

$$r = \frac{h^2/\mu}{1 + \varepsilon\cos\theta}, \quad h = a_{\mathrm{J}}v_{\mathrm{out}}\cos\gamma$$

となる. この後の計算では, 次の式で定義される無次元量 p を用いる.

$$p = \frac{a_{\mathrm{J}}v_{\mathrm{out}}{}^2}{\mu} = \frac{a_{\mathrm{J}}}{a_{\mathrm{E}}}\left(\frac{v_{\mathrm{out}}}{v_{\mathrm{E}}}\right)^2$$

この p を用いると, 軌道の式は

$$r = \frac{a_{\mathrm{J}}p\cos^2\gamma}{1 + \varepsilon\cos\theta}, \quad \varepsilon = \sqrt{1 + (p-2)p\cos^2\gamma} \tag{5.4.24}$$

と表される. ただし, スイング・バイしたときの探査機の位置を示す真近点離角 θ_0 は

$$a_{\mathrm{J}} = \frac{a_{\mathrm{J}}p\cos^2\gamma}{1 + \varepsilon\cos\theta_0} \quad \Rightarrow \quad 1 + \varepsilon\cos\theta_0 = p\cos^2\gamma \quad \Rightarrow \quad \cos\theta_0 = \frac{p\cos^2\gamma - 1}{\varepsilon}$$

から決定される. この式は, 次の形に書き換えることもできる.

$$\tan\theta_0 = \frac{p\cos\gamma\sin\gamma}{p\cos^2\gamma - 1}$$

問題 5.4.8

(15) スイング・バイ後の探査機の軌道が楕円から双曲線に変わるときの経路角 γ_{c} を求めよ.

(16) スイング・バイ後に探査機が天王星の軌道まで到達するのに要する飛行時間を, 経路角 $\gamma = 0°$ のときに求めよ.

▶解

(15) 離心率 ε が 1 となる $p = 2$ のときの経路角を求める.

$$p = \frac{a_{\mathrm{J}}}{a_{\mathrm{E}}}\left(\frac{v_{\mathrm{out}}}{v_{\mathrm{E}}}\right)^2 = 2 \quad \Rightarrow \quad v_{\mathrm{out}} = \sqrt{\frac{2a_{\mathrm{E}}}{a_{\mathrm{J}}}}\,v_{\mathrm{E}} \fallingdotseq 18.5\,\mathrm{km/s}$$

式 (5.4.22) を導出するもととなった $\vec{V}_{\mathrm{out}}, \vec{v}_{\mathrm{out}}, \vec{v}_{\mathrm{J}}$ が作る三角形における余弦定理 (5.2.2) より

$$\cos\gamma_{\mathrm{c}} = \frac{v_{\mathrm{out}}{}^2 + v_{\mathrm{J}}{}^2 - V^2}{2v_{\mathrm{out}}v_{\mathrm{J}}} \fallingdotseq 0.614 \quad \Rightarrow \quad \gamma_{\mathrm{c}} \fallingdotseq 52.1°$$

$\gamma < \gamma_{\mathrm{c}}$ のときには $\cos\gamma > \cos\gamma_{\mathrm{c}}$ で p が 2 より大きくなるので軌道は双曲線である. したがって, 図 5.2.5 では $\gamma = 60°$ の軌道が楕円でそれ以外は双曲線である.

(16) 軌道が双曲線になるとき，式 (5.4.21) を用いる．ただし，この時間は近日点からの時間なので，スイング・バイ後に天王星の公転軌道まで飛行する時間 T は，式 (5.4.21) の時間を $t(\theta)$ と書くと

$$T = t(\theta_{\mathrm{U}}) - t(\theta_0)$$

と表される．ここで θ_{U} は探査機が天王星の公転軌道に到達したときの真近点離角で

$$a_{\mathrm{U}} = \frac{a_{\mathrm{J}} p \cos^2 \gamma}{1 + \varepsilon \cos \theta_{\mathrm{U}}} \quad \Rightarrow \quad \cos \theta_{\mathrm{U}} = \frac{1}{\varepsilon} \left(\frac{a_{\mathrm{J}} p \cos^2 \gamma}{a_{\mathrm{U}}} - 1 \right)$$

である．また，$2\pi \sqrt{\dfrac{a_{\mathrm{E}}^3}{\mu}}$ が地球の公転周期で 1 年だから

$$\sqrt{\frac{a^3}{\mu}} = \sqrt{\frac{a_{\mathrm{E}}^3}{\mu} \cdot \frac{a^3}{a_{\mathrm{E}}^3}} = \frac{1}{2\pi} \left(\frac{a}{a_{\mathrm{E}}} \right)^{3/2} 年$$

と書き換えればよい．a は次のように求められる．

$$a(\varepsilon^2 - 1) = a_{\mathrm{J}} p \cos^2 \gamma \quad \Rightarrow \quad a = \frac{a_{\mathrm{J}}}{p - 2}$$

$\gamma = 0°$ のとき，

$$v_{\mathrm{out}} = 27.8\,\mathrm{km/s}, \quad p = 4.54, \quad \varepsilon = 3.54, \quad a = 2.05\,\mathrm{au}, \quad \theta_0 = 0°, \quad \theta_{\mathrm{U}} = 86.3°$$

となり，飛行時間は

$$T = t(\theta_{\mathrm{U}}) - t(\theta_0) = 3.74 - 0 = 3.74 年$$

と求められる．   □

表 5.4.1 に種々の経路角に対して主要なパラメータの値と飛行時間を示した．$\gamma = 60°$ の軌道は楕円である．飛行時間が最も短いのは v_{out} が最大の $\gamma = 0°$ のときではないことがわかる．詳しい計算によると，$\gamma = 13.8°$ のときが最短で，3.61 年である．

表 5.4.1 主要なパラメータの値と飛行時間

γ	v_{out}	p	ε	a	θ_0	θ_{U}	$t(\theta_0)$	$t(\theta_{\mathrm{U}})$	T〔年〕
$0°$	27.8	4.54	3.54	2.05	0	86.3	0	3.74	3.74
$10°$	27.4	4.41	3.37	2.15	13.0	87.3	0.20	3.82	3.62
$20°$	26.3	4.07	2.90	2.52	26.8	90.6	0.42	4.05	3.64
$30°$	24.5	3.53	2.25	3.40	42.8	97.2	0.66	4.50	3.84
$40°$	22.1	2.87	1.57	5.96	64.1	110.2	0.95	5.27	4.32
$50°$	19.2	2.17	1.07	30.58	95.5	134.8	1.20	6.65	5.45
$60°$	16.0	1.50	0.90	10.44	133.9	175.1	1.24	13.14	11.89

■万有引力のもとでの放物運動 ★★☆

　質量 m の質点にはたらく重力が重力加速度の大きさを g として mg と表されるのは，地表近くで地球の半径 R と比べて無視できる高さの範囲内に限定される近似である．ここでは，地球の重力を地球からの万有引力として考察してみよう．空気の抵抗は無視する．計算に必要となる式は，すでにこれまでに導出している．ただし，太陽のまわりではなく地球のまわりの運動だから，重力定数 $\mu = GM$ に含まれる M は地球の質量 M_E に置き換え，μ_E と書くことにする．これらを明確に区別するため，μ_E を地心重力定数，μ を日心重力定数と呼ぶ．

問題 5.4.9

　速さ v_0，水平面となす角（経路角）γ で打ち出された質量 m の物体が，図 5.4.3 に示す軌道（弾道軌道）を描いて地表に落下した．空気抵抗を無視すれば，この軌道は地球の中心を焦点の一つとする楕円で，地表からの最高点の高さを H，落下点までの地表に沿った長さ（射程）を L とする．L を見込む地球の中心角を ϕ とすれば $L = \phi R$ である．

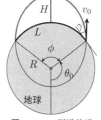

図 5.4.3 弾道軌道

　弾道軌道を $r = \dfrac{a(1 - \varepsilon^2)}{1 + \varepsilon \cos\theta}$ と表すことにすると

$$R = \frac{a(1 - \varepsilon^2)}{1 + \varepsilon \cos\theta_0} \qquad (5.4.25)$$

である．地球の自転の影響は無視する．

(17) 図 5.4.3 の θ_0 および楕円の軌道を決める離心率 ε と半長軸の長さ a を求めよ．

(18) H, L を求めよ．

(19) 飛行時間 T を求めよ．

▶**解**

(17) 式 (5.4.13), (5.4.14) より，無次元量 $Rv_0{}^2/\mu_\mathrm{E}$ を p とおいて

$$\tan\theta_0 = \frac{p\cos\gamma\sin\gamma}{p\cos^2\gamma - 1} \quad\Rightarrow\quad \theta_0 = \mathrm{Tan}^{-1}\left(\frac{p\cos\gamma\sin\gamma}{p\cos^2\gamma - 1}\right) \qquad (5.4.26)$$

$$\varepsilon = \sqrt{1 - (2 - p)\,p\cos^2\gamma} \qquad (5.4.27)$$

となる．楕円軌道では $0 < p < 2$ である．弾道軌道の半長軸の長さは $a = R/(2 - p)$ である．これは上式から $\cos\theta_0$ を求めて式 (5.4.25) に代入して計算できるが，力学的エネルギー保存則 $\dfrac{1}{2}mv_0{}^2 - \dfrac{\mu_\mathrm{E}m}{R} = -\dfrac{\mu_\mathrm{E}m}{2a}$ ▶**第 1 巻 1.0 節** から求めるのが簡単である．

(18) H は弾道軌道の最も遠い点までの距離 $a(1 + \varepsilon)$ から地球の半径 R を引いたもので，

$$H = a(1 + \varepsilon) - R = \left(\frac{1 + \varepsilon}{2 - p} - 1\right)R$$

となる．射程 L は ϕR であるが，$\phi + 2\theta_0 = 2\pi$ より

$$\tan\theta_0 = \tan\left(\pi - \frac{\phi}{2}\right) = -\tan\frac{\phi}{2} \quad \Rightarrow \quad L = 2R\,\mathrm{Tan}^{-1}\left(\frac{p\cos\gamma\sin\gamma}{1 - p\cos^2\gamma}\right)$$

(19) 飛行時間は，θ が 0 から θ_0 になるまでの時間 $t(\theta_0)$ の 2 倍を周期 $2\pi\sqrt{\dfrac{a^3}{\mu_{\mathrm{E}}}}$ から引

けばよいので，式 (5.4.20) を参照して

$$T = 2\pi\sqrt{\frac{a^3}{\mu_{\mathrm{E}}}} - 2\sqrt{\frac{a^3}{\mu_{\mathrm{E}}}}\left\{2\,\mathrm{Tan}^{-1}\left(\sqrt{\frac{1-\varepsilon}{1+\varepsilon}}\tan\frac{\theta_0}{2}\right) - \frac{\varepsilon\sqrt{1-\varepsilon^2}\sin\theta_0}{1+\varepsilon\cos\theta_0}\right\}$$

$$= 2\pi\sqrt{\frac{R^3}{\mu_{\mathrm{E}}(2-p)^3}}\left\{1 - \frac{2}{\pi}\,\mathrm{Tan}^{-1}\left(\sqrt{\frac{1-\varepsilon}{1+\varepsilon}}\tan\frac{\theta_0}{2}\right) + \frac{\varepsilon\sqrt{1-\varepsilon^2}\sin\theta_0}{\pi(1+\varepsilon\cos\theta_0)}\right\}$$

となる．$2\pi\sqrt{R^3/\mu_{\mathrm{E}}}$ は半径 R で等速円運動する物体の周期でおよそ 84 分である．このときの速さを**第一宇宙速度**といい，およそ $7.9\,\mathrm{km/s}$ である．v_0 が第一宇宙速度のときには $p = 1$ となる．　　　　　　　　　　　　　　　　　　　　　　□

図 5.4.3 は $v_0 = 8.0\,\mathrm{km/s}$，$\gamma = 40°$ のときを表していて，

$$\theta_0 = 128°, \quad H = 4370\,\mathrm{km}, \quad L = 11500\,\mathrm{km}, \quad T = 63\ \text{分}$$

である．しかし，電卓で式 (5.4.26) を計算すると $\theta_0 = -51.7°$ と表示される．いまの場合はこれに $180°$ を加えなければならない．一般に，逆三角関数の値は制限されている（主値という）ので，計算に使うときは常に注意が必要である．Tan^{-1} の値は $-90{\sim}90°$ である．ここでは，θ_0 は $90°$ より大きいので，修正が必要になる．あらかじめこのことを考慮して，式 (5.4.25) を書き直して

$$\theta_0 = \mathrm{Cos}^{-1}\left(\frac{p\cos^2\gamma - 1}{\varepsilon}\right)$$

としておけば，Cos^{-1} の主値は $0{\sim}180°$ なので，修正する必要がない．

問題 5.4.10

v_0 を一定にして γ を変化させる．

(20) 射程 L と γ の関係を調べよ．

▶ 解

(20) 図 5.4.3 より，射程 L は θ_0 を用いて $L = (2\pi - 2\theta_0)R$ と表されるので，θ_0 と γ の関係を調べればよい．式 (5.4.26) を γ で微分すれば次のようになる．

$$\frac{d}{d\gamma}\tan\theta_0$$

$$= \frac{1}{\cos^2\theta_0}\frac{d\theta_0}{d\gamma}$$

$$= \frac{p(\cos^2\gamma - \sin^2\gamma)(p\cos^2\gamma - 1) - p\cos\gamma\sin\gamma(-2p\cos\gamma\sin\gamma)}{(p\cos^2\gamma - 1)^2}$$

$$= \frac{p\{1 - (2 - p)\cos^2 \gamma\}}{(p\cos^2 \gamma - 1)^2}$$

(I) $2 - p > 1$ すなわち $p < 1$ のとき：$\cos^2 \gamma = 1/(2 - p)$ のとき θ_0 が極小となり，このとき射程 L は次の式で与えられる最大値となる．

$$L_{\max} = \phi_{\max}R = 2R\operatorname{Tan}^{-1}\left(\frac{p}{2\sqrt{1 - p}}\right)$$

(II) $2 - p < 1$ すなわち $p > 1$ のとき：$\dfrac{d\theta_0}{d\gamma}$ は常に正で，θ_0 は単調に増加する．射程 L は $\theta_0 = 0$ のとき最大となる．このとき発射された物体は地球のまわりを一周して発射点に戻るので $L_{\max} = 2\pi R$（地球一周）となる．　　　　　□

図 5.4.4 に，$p = 0.8$, $p = 1.3$ のときの最大飛程を示した．また，それぞれの場合に対応した初速 v_0，最大飛程の距離 $L_{\max}$，最高点の高さ H および着地するまでの時間 T を表 5.4.2 に示した．

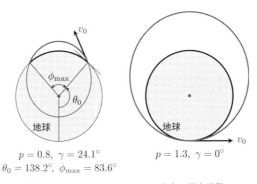

$p = 0.8$, $\gamma = 24.1°$
$\theta_0 = 138.2°$, $\phi_{\max} = 83.6°$

$p = 1.3$, $\gamma = 0°$

図 5.4.4　$p = 0.8$, $p = 1.3$ のときの最大飛程

表 5.4.2　$p = 0.8$ と 1.3 のときの諸量の比較

p	v_0〔km/s〕	$L_{\max}$〔km〕	H〔km〕	T
0.8	7.07	9300	1310	$30^{\mathrm{m}}40^{\mathrm{s}}$
1.3	9.01	40000	5460	$2^{\mathrm{h}}23^{\mathrm{m}}40^{\mathrm{s}}$

5.5 厚みのあるレンズによる屈折

透明な媒質中の光の速さ v は，真空中の光の速さ c より小さく，n を次のように定義して，その媒質の絶対屈折率という．

$$n = \frac{c}{v}$$

■ スネルの法則   ★☆☆

可視光線の波長は 10^{-7}m 程度で，多くの場合回折を無視して直進すると考えてよい．カメラや望遠鏡などではレンズで光線を曲げて像を作る．以下で，光線が屈折するときに成り立つ関係を調べ，入射光線から屈折光線を作図により求める方法について考えてみよう．

図 5.5.1 のように，光の速さがそれぞれ $v_{\mathrm{I}} = \dfrac{c}{n_{\mathrm{I}}}$，$v_{\mathrm{II}} = \dfrac{c}{n_{\mathrm{II}}}$ である一様な媒質 I と媒質 II が接している．媒質 I 内の点 A から出た単色光線が，境界面上の点 O で屈折し，媒質 II 内の点 B に到達した．入射光線と屈折光線は同一平面（紙面）上にあり，入射角 θ と屈折角 ϕ は以下の関係をみたす．これをスネルの法則という．

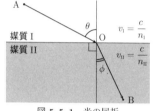

図 5.5.1　光の屈折

$$n_{\mathrm{I}} \sin \theta = n_{\mathrm{II}} \sin \phi \qquad (5.5.1)$$

■ 凸レンズによる光線の屈折   ★★☆

図 5.5.2 に凸レンズで単色光線が屈折する様子を示す．このレンズは左右が非対称で，左面は点 O_1 を中心とする半径 R_1 の球面，右面は点 O_2 を中心とする半径 R_2 の球面である．光軸（直線 $O_1 O_2$）上の点 A を出た入射光線はレンズの左面上の点 P_1 で屈折し，さらにレンズの右面上の点 P_2 で 2 度目の屈折をして屈折光線となり，光軸上の点 B に達する．光軸と 2 つの球面との交点をそれぞれ S_1, S_2 とし，$P_1 P_2$ の延長線と光軸との交点を M とする．レンズの外部と内部の絶対屈折率をそれぞれ n_{I}, n_{II} とすると，光の速さは，レンズの外部で $\dfrac{c}{n_{\mathrm{I}}}$，レンズの内部で $\dfrac{c}{n_{\mathrm{II}}}$ となる．

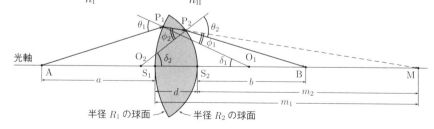

図 5.5.2　半径 R_1, R_2 の球面をもつ凸レンズによる光の屈折

問題 5.5.1

　図 5.5.2 において，$\text{AS}_1 = a$, $\text{BS}_2 = b$, $\text{MS}_1 = m_1$, $\text{MS}_2 = m_2$ とし，レンズの厚さ $\text{S}_1\text{S}_2 = d$ とする．また，P_1O_1, P_2O_2 が光軸となす角を δ_1, δ_2 とする．ここで，$\triangle \text{O}_1\text{P}_1\text{A}$ と $\triangle \text{O}_1\text{P}_1\text{M}$ に正弦定理を適用すると，

$$\frac{a + R_1}{\sin(\pi - \theta_1)} = \frac{\text{P}_1\text{A}}{\sin \delta_1}, \quad \frac{m_1 - R_1}{\sin \phi_1} = \frac{\text{P}_1\text{M}}{\sin(\pi - \delta_1)} \qquad (5.5.2)$$

が成り立つ．

　以下の考察は，光線が光軸の近くを通る場合に限定する．これを**近軸近似**という．このとき図 5.5.2 より

$$\text{P}_1\text{A} \fallingdotseq a, \quad \text{P}_1\text{M} \fallingdotseq m_1$$

と近似できる．以下の考察では，わかりやすくするために種々の角を大きく描いているところがあるが，すべて近軸近似のもとに考えることとする．

(1) 式 (5.5.1)（スネルの法則）を用いて式 (5.5.2) より次の式 (5.5.3) を導け．

$$n_\text{I} \cdot \left(\frac{1}{R_1} + \frac{1}{a} \right) = n_\text{II} \cdot \left(\frac{1}{R_1} - \frac{1}{m_1} \right) \qquad (5.5.3)$$

同様に，$\triangle \text{O}_2\text{P}_2\text{B}$ と $\triangle \text{O}_2\text{P}_2\text{M}$ に正弦定理を適用し，$\text{P}_2\text{B} \fallingdotseq b$, $\text{P}_2\text{M} \fallingdotseq m_2$ と近似すれば，次の式 (5.5.4) が得られる．

$$n_\text{I} \cdot \left(\frac{1}{R_2} + \frac{1}{b} \right) = n_\text{II} \cdot \left(\frac{1}{R_2} + \frac{1}{m_2} \right) \qquad (5.5.4)$$

式 (5.5.3), (5.5.4) から m_1, m_2 を求めて $m_1 - m_2 = d$ に代入すれば，a と b の関係式が得られる．

(2) 点 A からさまざまな方向に出た光線は，屈折後に光軸上の同じ点 B を通ることを，具体的に a と b の関係式を求めることなく，簡潔に説明せよ．

▶ 解

(1) 式 (5.5.2) は $\sin \theta_1 = \dfrac{a + R_1}{a} \cdot \sin \delta_1$, $\sin \phi_1 = \dfrac{m_1 - R_1}{m_1} \cdot \sin \delta_1$ と変形できる．これを式 (5.5.1) に代入し，さらに $R_1 \cdot \sin \delta_1$ で割ると

$$n_\text{I} \cdot \left(\frac{1}{R_1} + \frac{1}{a} \right) = n_\text{II} \cdot \left(\frac{1}{R_1} - \frac{1}{m_1} \right)$$

(2) 式 (5.5.3), (5.5.4) から得られる a と b の関係式は，球面の半径 R_1, R_2, 絶対屈折率 n_I, n_II だけを含み，点 P_1 の位置に無関係だから．　　　　　　　□

　このように，具体的に a, b の関係を求めなくても，その関係が P_1 の位置によらないことは，式 (5.5.3), (5.5.4) および $m_1 - m_2 = d$ を見れば明らかである．しかし，定量的な計算をするためには具体的な表式が必要となる．以下に b を a で表した式とこれを逆に解いた式を掲げておく．読者自ら導出してみてほしい．ここで，$n = \dfrac{n_\text{II}}{n_\text{I}}$ は，レンズ外部の物質に対するレンズの**相対屈折率**である（絶対屈折率ではないことに注意）．

$$b = \frac{\left(R_1 - \frac{n-1}{n} \cdot d\right) R_2 + \frac{R_1 R_2}{na} \cdot d}{(n-1)\left(R_1 + R_2 - \frac{n-1}{n} \cdot d\right) - \frac{R_1}{a}\left(R_2 - \frac{n-1}{n} \cdot d\right)} \tag{5.5.5}$$

$$a = \frac{\left(R_2 - \frac{n-1}{n} \cdot d\right) R_1 + \frac{R_1 R_2}{nb} \cdot d}{(n-1)\left(R_1 + R_2 - \frac{n-1}{n} \cdot d\right) - \frac{R_2}{b}\left(R_1 - \frac{n-1}{n} \cdot d\right)} \tag{5.5.6}$$

■ レンズの焦点と焦点距離   ★★☆

レンズの厚さを考慮し，さらに左右非対称な球面レンズの場合，焦点および焦点距離がどのように定義され，a, b とどのような関係があるかを調べよう．

問題 5.5.2

図 5.5.2 において，点 A を光軸上で右に動かしていくと，点 B も右へ移動する．点 B が無限の彼方に遠ざかるとき，すなわち，屈折光線が光軸と平行になるとき，点 A の位置を焦点と呼び F_1 とする．また，このときの a の値を f_A とする．一方，点 A を光軸上で左方の無限の彼方へ遠ざけたとき，すなわち，入射光線が光軸に平行になるとき，点 B の位置も焦点と呼び F_2 とする．このときの b の値を f_B とする．

式 (5.5.5), (5.5.6) において $a \to \infty, b \to \infty$ とすることで，

$$f_A = \frac{\left(R_2 - \frac{n-1}{n} \cdot d\right) R_1}{(n-1)\left(R_1 + R_2 - \frac{n-1}{n} \cdot d\right)}, \quad f_B = \frac{\left(R_1 - \frac{n-1}{n} \cdot d\right) R_2}{(n-1)\left(R_1 + R_2 - \frac{n-1}{n} \cdot d\right)} \tag{5.5.7}$$

を得る．これらの間には次の簡潔な関係式が成り立っている．これをニュートンの結像公式という．

$$(a - f_A)(b - f_B) = f^2, \quad \text{ただし} \quad f = \frac{R_1 R_2}{(n-1)\left(R_1 + R_2 - \frac{n-1}{n} \cdot d\right)} \tag{5.5.8}$$

この f を焦点距離という．

(3) $a_H = a - f_A + f, b_H = b - f_B + f$ として次の式が成り立つことを示せ．

$$\frac{1}{a_H} + \frac{1}{b_H} = \frac{1}{f} \tag{5.5.9}$$

▶ 解

(3) $a - f_A = a_H - f, b - f_B = b_H - f$ より $(a_H - f)(b_H - f) = f^2$ となる．よって，

$$a_H b_H - (a_H + b_H)f = 0 \quad \Rightarrow \quad \frac{1}{a_H} + \frac{1}{b_H} = \frac{1}{f} \qquad \Box$$

レンズの厚さを無視して $d = 0$ とすれば $f_A = f_B = f = \dfrac{R_1 R_2}{(n-1)(R_1 + R_2)}$ となる．このとき，$a_H = a, b_H = b$ であるから，

$$\frac{1}{a} + \frac{1}{b} = \frac{1}{f} \tag{5.5.10}$$

となり，よく知られた薄いレンズで成り立つレンズの公式となる．

式 (5.5.5) または (5.5.6) で与えられる a, b の間に成り立つ関係式は複雑であるが，f_A, f_B を用いて結像公式 (5.5.8) のように極めてシンプルな形にまとめられることに気づいたニュートンの洞察力，計算力は驚嘆に値するといえよう．ここでその導出の概略を述べておこう．

以下の計算を見通しよく行うため，

$$R = (n-1)\left(R_1 + R_2 - \frac{n-1}{n} \cdot d\right)$$

とおく．この R を式 (5.5.7) の f_A, f_B の両辺に掛けて，次の式が得られる．

$$Rf_A = \left(R_2 - \frac{n-1}{n} \cdot d\right)R_1, \quad Rf_B = \left(R_1 - \frac{n-1}{n} \cdot d\right)R_2 \quad (5.5.11)$$

式 (5.5.5) の分母を払ってこの 2 式を用いると，

$$b\left(R - \frac{Rf_A}{a}\right) = Rf_B + \frac{R_1 R_2}{na} \cdot d \quad (5.5.12)$$

となる．右辺の第 1 項を左辺に移項し，両辺に $\frac{a}{R}$ を掛けると

$$ab - bf_A - af_B = (a - f_A)(b - f_B) - f_A f_B = \frac{R_1 R_2}{nR} \cdot d \quad (5.5.13)$$

という関係式が得られる．式 (5.5.11) より，

$$\begin{aligned}
f_A f_B &= \frac{R_1 R_2}{R^2}\left(R_2 - \frac{n-1}{n} \cdot d\right)\left(R_1 - \frac{n-1}{n} \cdot d\right) \\
&= \frac{R_1 R_2}{R^2}\left\{R_1 R_2 - \left(R_1 + R_2 - \frac{n-1}{n} \cdot d\right)\frac{n-1}{n} \cdot d\right\} \\
&= \frac{R_1 R_2}{R^2}\left(R_1 R_2 - \frac{Rd}{n}\right) \\
&= \left(\frac{R_1 R_2}{R}\right)^2 - \frac{R_1 R_2}{nR} \cdot d
\end{aligned}$$

と変形できるので，$f = \dfrac{R_1 R_2}{R}$ として，式 (5.5.13) より結像公式が導かれる．

■ 作図により点 A から点 B を求める方法　　　　　　　　　　★★☆

焦点 F_1 からもう一つの焦点 F_2 の方へ焦点距離 f 離れた点を主点といい，H_1 とする．点 A から主点 H_1 までの距離が先に定義した a_H となる．逆に，焦点 F_2 から焦点 F_1 の方へ焦点距離 f 離れた点 H_2 も主点と呼ぶ．点 B から主点 H_2 までの距離が b_H である．焦点と主点とともに，焦点 F_1 から出て屈折する光線の様子を図 5.5.3 に示した．見やすくするため，図 5.5.2 よりもレンズの厚さ d を大きく描いてある．近軸近似のもとでは，入射光線と屈折光線を延長した直線の交点から光軸に下ろした垂線の足は，P_1 の位置（δ_1 の値）によらず常に主点 H_1 となる．この証明は後述する ▶コラム 9 ．

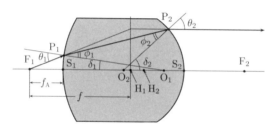

図 5.5.3　焦点 F_1 から出た光線の屈折

問題 5.5.3

　凸レンズの 2 つの焦点 F_1, F_2 の位置と焦点距離 f がわかっているとき，2 つの主点 H_1, H_2 の位置が求められる．これらの点を用いて，光軸上の点 A から出た光線が再び光軸を横切る点 B の位置を作図によって求めることができる．図 5.5.4 にその手順を示す．ただし，点 A から出た光線が再び光軸を横切るためには $a > f_A$ でなければならない．ここで $a = AS_1$, $f_A = F_1S_1$ である．

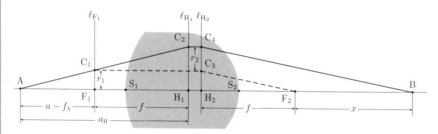

図 5.5.4　作図による点 B の決定

　F_1, H_1, H_2 で光軸に垂直な直線 ℓ_{F_1}, ℓ_{H_1}, ℓ_{H_2} を引く．ここで，点 A を通る直線を 1 本引き，ℓ_{F_1}, ℓ_{H_1} との交点をそれぞれ C_1, C_2 とする．次に，点 C_1, C_2 から光軸に平行な直線を引いて ℓ_{H_2} との交点をそれぞれ C_3, C_4 とする．点 C_4 を通り C_3F_2 に平行な直線を引く．この直線と光軸との交点が求める点 B となる．この作図法が正しいことを示すためには $BS_2 = b$, $F_2S_2 = f_B$ としたとき，結像公式 (5.5.8) が成り立つことを示せばよい．

(4) $C_1F_1 = r_1$, $C_3C_4 = r_2$, $F_2B = x$ とする．図 5.5.4 で相似な三角形の比を考えて $\dfrac{r_2}{r_1}$ を 2 通りに表すことで x を求め，結像公式が成り立つことを示せ．

(5) 図 5.5.5 に，凸レンズとその焦点 F_1, F_2，主点 H_1, H_2（焦点距離を f として $F_1H_1 = F_2H_2 = f$），光軸上の点 A とそこからレンズへ入射する光線を描いた．作図により屈折光線が光軸と交わる点 B を求め，光線の経路を太い実線で示せ．

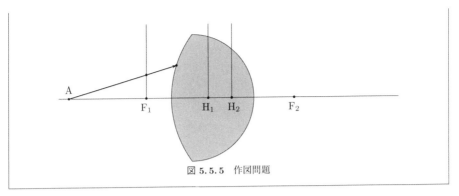

図 5.5.5 作図問題

▶ 解

(4) $\triangle AF_1C_1$ と $\triangle AH_1C_2$, $\triangle F_2H_2C_3$ と $\triangle BH_2C_4$ はそれぞれ相似な三角形だから,

$$\frac{r_2}{r_1} = \frac{f}{a - f_A} = \frac{x}{f} \quad \Rightarrow \quad x = \frac{f^2}{a - f_A}$$

となる. 一方, 図 5.5.4 では $x = BS_2 - F_2S_2 = b - f_B$ であるので,

$$\frac{f^2}{a - f_A} = b - f_B \quad \Rightarrow \quad (a - f_A)(b - f_B) = f^2$$

となり, 結像公式 (5.5.8) が成り立つことが示された.

(5) 図 5.5.4 の説明にしたがって, 光線の経路は図 5.5.6 のように描くことができる. □

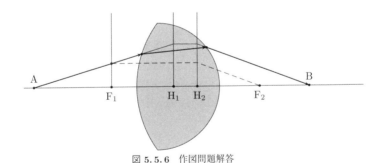

図 5.5.6 作図問題解答

■ 像の作図 ★★☆

点 A からいろいろな向きに出た光が屈折後に集まるのが光軸上の点 B であるから, 点 A に高さ ℓ の物体を置くと, 点 B に高さ L の倒立像が現れると考えられる. 実際にそうなることを確かめるため, 図 5.5.7 を描いた. ここで, 点 A から光軸に垂直に ℓ 離れた点を T とし, 光軸上のある点 A′ から出て点 T を通りレンズへ至る光線を考える.

図 5.5.4 で示した要領で点 A′ に対応する光軸上の点 B′ を求めることができる. さらに, C_4B' を延長した直線と点 B で光軸に垂直に引いた直線との交点を T′ とする. $BT' = L$ である. A′ の位置を変えても T′ の位置が変わらないことを以下で示そう.

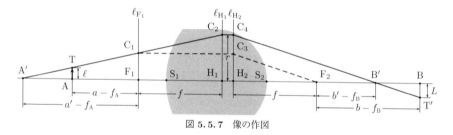

図 **5.5.7**　像の作図

問題 5.5.4

図 5.5.7 において，S_1 から点 A, A′ までの距離をそれぞれ a, a'，S_2 から点 B, B′ までの距離をそれぞれ b, b' とする．このとき，$AF_1 = a - f_A$，$A'F_1 = a' - f_A$，$BF_2 = b - f_B$，$B'F_2 = b' - f_B$ である．ニュートンの結像公式 (5.5.8) より

$$b - f_B = \frac{f^2}{a - f_A}, \quad b' - f_B = \frac{f^2}{a' - f_A} \tag{5.5.14}$$

となる．$\triangle A'H_1C_2$ と $\triangle A'AT$，$\triangle B'H_2C_4$ と $\triangle B'BT'$ はそれぞれ相似形なので，$C_2H_1 = C_4H_2 = r$ とおくと

$$\frac{r}{(a' - f_A) + f} = \frac{\ell}{(a' - f_A) - (a - f_A)} \tag{5.5.15}$$

$$\frac{r}{f + (b' - f_B)} = \frac{L}{(b - f_B) - (b' - f_B)} \tag{5.5.16}$$

が成り立つ．

(6) $\dfrac{L}{\ell}$ を計算し，AT の像が BT′ にできる理由を簡潔に説明せよ．

▶ **解**

(6) 式 (5.5.15), (5.5.16) から ℓ, L を求めて割り算すれば，r が消去される．さらに，式 (5.5.14) を用いて b, b' を消去すると，

$$\frac{L}{\ell} = \frac{(a' - f_A) + f}{(a' - f_A) - (a - f_A)} \cdot \frac{(b - f_B) - (b' - f_B)}{f + (b' - f_B)}$$

$$= \frac{(a' - f_A) + f}{(a' - a)} \cdot \frac{\dfrac{f^2}{a - f_A} - \dfrac{f^2}{a' - f_A}}{f + \dfrac{f^2}{a' - f_A}}$$

$$= \frac{a' - f_A + f}{(a' - a)} \cdot \frac{f^2(a' - a)}{(a - f_A)(a' - f_A)} \cdot \frac{a' - f_A}{f(a' - f_A + f)} = \frac{f}{a - f_A} \tag{5.5.17}$$

となって，a' によらないことがわかる．これは，A′ の位置が変わっても屈折した光線は T′ を通ることを示している．つまり，T からいろいろな向きに出た光は，近軸近似が適用できる範囲内で T′ に集まる．また，この値は ℓ によらないので，AT 上の任

意の点から出た光線は，式 (5.5.17) の比率で対応する BT′ 上の点に集まり，AT の像が BT′ にできることがわかる． □

式 (5.5.17) の値を倍率という．結像公式により

$$\frac{L}{\ell} = \frac{f}{a - f_A} = \frac{b - f_B}{f} = \frac{f + (b - f_B)}{(a - f_A) + f} \tag{5.5.18}$$

が成り立つ．これは，図 5.5.7 において，$\triangle H_1AT$ と $\triangle H_2BT'$ が相似であることを示している．このことから，T から主点 H_1 に向けて入射した光線は，屈折して主点 H_2 から T′ に向かう直線上を進む光線となることがわかる．このとき，入射光線と屈折光線の延長線は平行であるが，重ならない．

薄いレンズで厚さ d が無視できるとき，$f_A = f_B = f$ となり，S_1 と H_1，S_2 と H_2 は一致する．d は S_1S_2 間の距離だから，薄いレンズではこれら 4 点はすべてレンズの中心の一点となる．そのため，薄いレンズの中心を通る光線は，上で述べた平行線が重なり，入射光線は直進して屈折光線となる．

コラム 9 （★★★主点について）

　焦点 F_1 から出た光線の延長線と，この光線が屈折した後の光軸と平行に進む光路の延長線の交点から，光軸に下ろした垂線の足が主点となることを示そう．下の図 5.5.8 で，入射光線と屈折光線の延長線の交点から光軸に下ろした垂線を H_1' とし，$S_1 H_1' = x$ とする．$x = f - f_A$ となることを示せばよい．

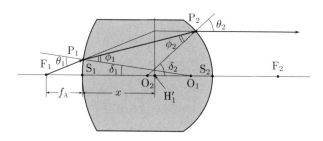

$$FT_1$$
図 5.5.8　焦点 F_1 から出て屈折する光線の光路

　近軸近似が適用できるとき，スネルの法則より

$$n_{\mathrm{I}} \sin\theta_1 = n_{\mathrm{II}} \sin\phi_1, \quad n_{\mathrm{I}} \sin\theta_2 = n_{\mathrm{II}} \sin\phi_2 \quad \Rightarrow \quad \theta_1 = n\phi_1, \quad \theta_2 = n\phi_2 \quad \left(n = \frac{n_{\mathrm{II}}}{n_{\mathrm{I}}} \right)$$

となる．また，図 5.5.8 より，$\theta_2 = \delta_2$，$\phi_1 + \phi_2 = \delta_1 + \delta_2$ が成り立つことがわかる．この 4 式を用いて $\theta_1, \theta_2, \phi_1, \phi_2$ を δ_1, δ_2 で表すと，

$$\theta_1 = n\delta_1 + (n-1)\delta_2, \quad \theta_2 = \delta_2$$

$$\phi_1 = \delta_1 + \left(1 - \frac{1}{n}\right)\delta_2, \quad \phi_2 = \frac{\delta_2}{n}$$

となる．一方，図 5.5.8 より，以下の関係式が成り立つことがわかる．

$$(f_A + x)\tan(\theta_1 - \delta_1) = R_2 \sin\delta_2 \quad \Rightarrow \quad (f_A + x)(\theta_1 - \delta_1) = R_2\delta_2$$

$$P_1 F_1 \sin(\theta_1 - \delta_1) = R_1 \sin\delta_1 \quad \Rightarrow \quad f_A(\theta_1 - \delta_1) = R_1\delta_1$$

θ_1 を δ_1, δ_2 で表して整理すると，δ_1, δ_2 を含む以下の 2 つの関係式が導出される．

$$(n-1)(f_A + x)\delta_1 + \{(n-1)(f_A + x) - R_2\}\delta_2 = 0 \tag{5.5.19}$$

$$\{(n-1)f_A - R_1\}\delta_1 + (n-1)f_A\,\delta_2 = 0 \tag{5.5.20}$$

　ところで，P_1 の位置が変わると δ_1 は変化し，その値に応じて δ_2 が決まる．そうなるためには，この 2 式は独立ではなく，同じ式でなければならない．このことから x が次のように決定される．

$$\frac{(n-1)(f_A + x)}{(n-1)f_A - R_1} = \frac{(n-1)(f_A + x) - R_2}{(n-1)f_A} \quad \Rightarrow \quad f_A + x = \frac{R_1 R_2}{(n-1)\left(R_1 + R_2 - \dfrac{n-1}{n}d\right)}$$

この値は f に等しい．

■ 電場と電位 ★☆☆

電荷間にはたらく静電気力は，クーロンの法則で説明される．空間を隔てた電荷間に力がはたらくのは，電荷が存在する空間に電場が生じ，電荷を持ち込むとそれが置かれた位置の電場から力を受けるためと説明される．そのため，まわりの電荷分布が異なっていても，その点の電場が同じであれば，受ける力も同じである．

空間内の一点に着目し，無限の遠方からこの点まで +1 C の電荷を運んでくる仕事を，無限遠点を基準とするその点の**電位**という．点電荷 q_0 から ℓ 離れた点の電位 V は，クーロンの法則の比例定数を k として，

$$V = k\frac{q_0}{\ell}$$

である．電位の等しい点を集めてできる面を**等電位面**という．この面の形状から，逆に電場を決めることができる．

■ 静電誘導 ★☆☆

図 5.6.1 のように，真空中に半径 a の接地された金属球がある．正の電気量 Q をもつ点電荷（以下，電荷 Q と呼ぶ）を，金属球の中心から $R\,(>a)$ の点に置くと，静電誘導により接地点から負電荷が流れ込み，金属球面上に負の電荷が現れる．この負電荷に引かれ，電荷 Q は金属球の中心の向きに力を受けると考えられるが，どのように電荷が分布するかがわからなければ，電荷 Q にはたらく力の大きさを求めることはできない．

以下で，この接地された金属球を電気量 $-q\,(q>0)$ をもつ点電荷（以下，電荷 q と呼ぶ）に置き換えて，電荷 Q にはたらく力を計算する方法について検討してみよう．

金属球

電荷 Q

図 5.6.1 接地された金属球と点電荷

問題 5.6.1

図 5.6.1 で金属球の中心を原点 O とし，電荷 Q の位置（以下，この点を A とする）

を通る向きに x 軸をとる. 電荷 q は, $x = r\,(< a)$ の点 B にあるとする.

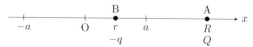

図 5.6.2　金属球を点 B にある負電荷 q で置き換える.

電位の基準を無限遠点とし, x 軸上の点 x における電位を $\phi(x)$ と表す. 接地された金属球の表面は, 電位が 0 の等電位面と考える. 金属球が電気量 $-q$ の点電荷に置き換えられるためには, 2 つの電荷 Q と q による電位を重ね合わせたとき, 半径 a の球面上で 0 となるように q と r を決める必要がある.

(1) $\phi(a) = \phi(-a) = 0$ とすると, q と r が次のように決まることを示せ.

$$q = \frac{a}{R}Q, \quad r = \frac{a^2}{R} \tag{5.6.1}$$

(2) $\phi(x)$ のグラフの概形を描け.

▶解

(1) $\phi(a) = k\dfrac{Q}{R-a} + k\dfrac{(-q)}{a-r} = 0,\ \phi(-a) = k\dfrac{Q}{R+a} + k\dfrac{(-q)}{r+a} = 0$ より,

$$q = \frac{a-r}{R-a}Q = \frac{r+a}{R+a}Q \quad \Rightarrow \quad r = \frac{a^2}{R}, \quad q = \frac{a}{R}Q$$

(2) $x \to \pm\infty$ で $\phi(x) \to 0$ である. 正の電荷が存在する A で $\phi(x) \to \infty$, 負の電荷が存在する B で $\phi(x) \to -\infty$ に発散する. また, $\phi(a) = \phi(-a) = 0$ である. これらのことに注意してなめらかな曲線を描けば, 図 5.6.3 のようになる.　　　　□

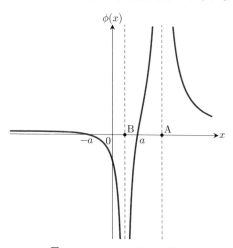

図 5.6.3　$\phi(x)$ のグラフの概形

問題 5.6.2

　次に，点 O を中心とする半径 a の球面を考え，その球面上の任意の点 C における電位を計算してみよう．図 5.6.4 は，点 A, B, C を含む平面を示したものである．

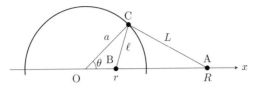

図 **5.6.4**　円周上の点 C における電位の計算

　図 5.6.4 において，AC, BC の長さをそれぞれ L, ℓ とする．$\angle AOC = \theta$ として $\triangle AOC$ に余弦定理を適用すると，

$$L^2 = a^2 + R^2 - 2aR\cos\theta \tag{5.6.2}$$

となり，L を θ を用いて表すことができる．

(3) $\triangle BOC$ に余弦定理を適用し，以下の関係が成り立つことを示せ．

$$\ell = \frac{a}{R}L \tag{5.6.3}$$

(4) 点 C における電位を求めよ．

▶ **解**

(3) $\triangle BOC$ に余弦定理を適用すれば，$\ell^2 = r^2 + a^2 - 2ar\cos\theta$．ここで式 (5.6.1) を用いて r を消去し，式 (5.6.2) を用いれば，

$$\ell^2 = \left(\frac{a^2}{R}\right)^2 + a^2 - 2a\frac{a^2}{R}\cos\theta = \frac{a^2}{R^2}\left(a^2 + R^2 - 2aR\cos\theta\right) = \frac{a^2}{R^2}L^2$$

　R, a, L, ℓ はすべて正であるから，式 (5.6.3) が成り立つ．

(4) 式 (5.6.1), (5.6.3) を用いて点 C の電位を計算すると

$$k\left\{\frac{Q}{L} + \frac{(-q)}{\ell}\right\} = k\left\{\frac{Q}{L} - \frac{aQ}{R}\frac{R}{aL}\right\} = 0 \tag{5.6.4}$$

□

　式 (5.6.3) は θ の値によらないので，図 5.6.4 の点 O を中心とする半径 a の円周上の任意の点で電位が 0 となる．円周上の 2 点で電位が 0 となると，その円周上の残りのすべての点で電位が 0 になるという不思議な結果である．

　実は 2 点からの距離の比が一定となる点の軌跡は円となることが知られていて，アポロニウスの円といわれている．図 5.6.4 で点 C の電位が 0 であるとすれば，式 (5.6.4) より，$\dfrac{\overline{AC}}{\overline{BC}} = \dfrac{L}{\ell} = \dfrac{Q}{q} = \dfrac{R}{a}$ となる．この値を一定に保つように点 C が動いてできる軌跡がアポロニウスの円である．ここではこの円を先に与えて，円周上の点 C と点 A, B までの

距離の比が一定（つまり電位が 0）であることを示したのである.

点 C は点 O を中心とする半径 a の球面上の点であった. 点 C を球面上のどこにとっても, 点 ABC を含む平面でみれば図 5.6.4 と同じになる. したがって, この球面は電位 0 の等電位面となる.

■ **金属球から点電荷にはたらく力**　　　　　　　　　　　　　　★★☆

> **問題 5.6.3**
>
> 　以上の考察により, 2 つの電荷 Q と q からなる系でも, 半径 a の球面上で電位が 0 であることがわかる. 詳しい計算により, 半径 a の球面の外では, 等電位面の形状が, 接地した金属球と電荷 Q からなる系の場合と完全に一致することがわかっている.
>
> (5) 電荷 Q が接地した金属球から受ける力の大きさ $F_{接地}$ を求めよ.
> (6) 接地することにより金属球表面に現れる全電気量を求めよ.

▶ **解**

(5) 電荷 q からはたらく力を計算すればよい. 力の向きは金属球の中心向きである.

$$F_{接地} = k\frac{qQ}{(R-r)^2} = k\frac{\dfrac{a}{R}Q^2}{\left(R - \dfrac{a^2}{R}\right)^2} = k\frac{aRQ^2}{(R^2 - a^2)^2}$$

(6) 金属球を覆う閉曲面を考える. この閉曲面を貫く電気力線は, 接地した金属球がある場合と, これを電荷 q に置き換えたときとで同じである. したがって, ガウスの法則によりこの閉曲面内にある電気量はどちらの場合も同じで $-q = -\dfrac{a}{R}Q$ である. 金属球の場合, 表面に分布する電荷の総量がこの値となる. 　　　　　　　　　　　　□

> **問題 5.6.4**
>
> 　金属球を接地しないとき
>
> (7) 金属球の電位を求めよ.
> (8) 電荷 Q が金属球から受ける力の大きさ F と $F_{接地}$ の比を求めよ.

▶ **解**　　接地しないとき, 金属球を覆う閉局面内の電気量は 0 である. したがって, 金属球を負の電荷 q で置き換えたとき, 正の電気量 $q = \dfrac{a}{R}Q$ をもつ第 3 の点電荷を加える必要がある. しかも, 金属表面は等電位であるから, この第 3 の点電荷は点 O を中心とする半径 a の球面を等電位に保たなければならない. そのためには, 第 3 の点電荷を点 O に置けばよい.

(7) 3 つの点電荷の作る電位を重ね合わせればよい. もともと 2 つの電荷の電位を重ね合わせて電位が 0 になっていたので, 第 3 の点電荷による電位を求めればよいことになる. したがって, $k\dfrac{(a/R)Q}{a} = k\dfrac{Q}{R}$.

(8) (5) で求めた点 B にある負電荷からの力に，点 O に置いた正電荷からの力を重ね合わせる．点 O に向かう向きを正として，

$$F = k\frac{qQ}{(R-r)^2} - k\frac{qQ}{R^2} = F_{接地}\left\{1 - \frac{(R-r)^2}{R^2}\right\} = F_{接地}\left\{2\left(\frac{a}{R}\right)^2 - \left(\frac{a}{R}\right)^4\right\}$$

よって，$\dfrac{F}{F_{接地}} = \left\{2\left(\dfrac{a}{R}\right)^2 - \left(\dfrac{a}{R}\right)^4\right\}$. □

■ 金属球表面の電荷分布 ★★☆

帯電した金属表面上の微小部分（面積 dS）に着目する．電荷の面密度はこの微小部分で一定で σ，電場の強さが E であるとする．この微小部分を底面とする，金属表面に垂直な筒状の閉曲面を考える．この閉曲面は微小とし，半分金属中にめり込ませた状態になっている．この閉曲面にガウスの法則を適用すると，$EdS = 4\pi k|\sigma|dS$ となるので，金属表面近くで電場の強さ E がわかれば，電荷の面密度の大きさは $|\sigma| = \dfrac{E}{4\pi k}$ となる．σ の符号は，電場が金属から外に向かうとき正である．

問題 5.6.5

点 A に置かれた電荷 Q は接地された金属球の表面上に電荷を誘導する．その電荷が作り出す電場は，点 B にある電荷 q（電気量 $-q$）が作る電場 $\vec{E}_{\mathrm{q}}$ と等価である．したがって，金属球の表面上の点 C における電場は，この $\vec{E}_{\mathrm{q}}$ と点 A にある電荷 Q（電気量 Q）による電場 $\vec{E}_{\mathrm{Q}}$ を重ね合わせたものとなる．

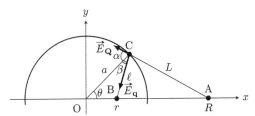

図 5.6.5　円周上の点 C における電場の計算

(9) 図 5.6.5 を参考にして，点 C における電場を求めよ．

(10) 点電荷 Q により金属球面上に誘導される電荷の面密度 $\sigma(\theta)$ を求めよ．

▶ 解

(9) 図 5.6.5 より，式 (5.6.1), (5.6.3) を用いて，

$$\left|\vec{E}_{\mathrm{Q}}\right| = E_{\mathrm{Q}} = k\frac{Q}{L^2}, \quad \left|\vec{E}_{\mathrm{q}}\right| = E_{\mathrm{q}} = k\frac{q}{\ell^2} = k\frac{\frac{a}{R}Q}{\left(\frac{a}{R}L\right)^2} = \frac{R}{a}E_{\mathrm{Q}}$$

△AOC に余弦定理を適用する．$\vec{E}_{\mathrm{Q}}$ が OC となす角を α として

$$R^2 = a^2 + L^2 - 2aL\cos(\pi - \alpha) \quad \Rightarrow \quad \cos\alpha = \frac{R^2 - a^2 - L^2}{2aL}$$

$\triangle$BOC に余弦定理を適用する. $\vec{E}_{\mathrm{q}}$ が OC となす角を β として

$$r^2 = a^2 + \ell^2 - 2a\ell\cos\beta$$

$$\Rightarrow \quad \cos\beta = \frac{a^2 + \ell^2 - r^2}{2a\ell} = \frac{a^2 + \left(\dfrac{aL}{R}\right)^2 - \left(\dfrac{a^2}{R}\right)^2}{2a\left(\dfrac{aL}{R}\right)} = \frac{R^2 + L^2 - a^2}{2RL}$$

以上を踏まえて，電場の点 C から O へ向かう向きの成分 E は

$$E = E_{\mathrm{Q}}\cos\alpha + E_{\mathrm{q}}\cos\beta = E_{\mathrm{Q}}\left(\cos\alpha + \frac{R}{a}\cos\beta\right)$$

$$= E_{\mathrm{Q}}\left(\frac{R^2 - a^2 - L^2}{2aL} + \frac{R^2 + L^2 - a^2}{2aL}\right)$$

$$= E_{\mathrm{Q}}\left(\frac{R^2 - a^2}{aL}\right) = k\left(\frac{R^2 - a^2}{a}\right)\frac{Q}{L^3}$$

一方，

$$\sin\alpha = \sqrt{1 - \cos^2\alpha} = \frac{\sqrt{4a^2L^2 - (R^2 - a^2 - L^2)^2}}{2aL}$$

$$= \frac{\sqrt{2(R^2a^2 + a^2L^2 + L^2R^2) - (R^4 + a^4 + L^4)}}{2aL}$$

$$\sin\beta = \sqrt{1 - \cos^2\beta} = \frac{\sqrt{4a^2L^2 - (R^2 + L^2 - a^2)^2}}{2aL}$$

$$= \frac{\sqrt{2(R^2a^2 + a^2L^2 + L^2R^2) - (R^4 + a^4 + L^4)}}{2RL}$$

したがって，電場の CO に垂直な成分は，

$$E_{\mathrm{Q}}\sin\alpha - E_{\mathrm{q}}\sin\beta = E_{\mathrm{Q}}\left(\sin\alpha - \frac{R}{a}\sin\beta\right) = 0$$

となり，点 C における電場は中心 O を向くことが確認できる.

(10) この結果により，金属球面上の電荷分布（面密度）は以下のように求められる.

$$\sigma(\theta) = -\frac{E}{4\pi k} = -\left(\frac{R^2 - a^2}{4\pi a}\right)\frac{Q}{L^3} = -\left(\frac{R^2 - a^2}{4\pi a}\right)\frac{Q}{(a^2 + R^2 - 2aR\cos\theta)^{3/2}}$$

$\square$

[研究] 金属球面上に誘導される全電気量は

$$\int_0^\pi \sigma(\theta) \times 2\pi a\sin\theta\, a\, d\theta = -\frac{1}{2}(R^2 - a^2)aQ\int_0^\pi \frac{\sin\theta}{L^3}\, d\theta \qquad (5.6.5)$$

で与えられる. この積分は，以下のように余弦定理の式 (5.6.2) を用いて積分変数を θ か

ら L に変換（置換）して計算できる.

$$L = \sqrt{a^2 + R^2 - 2aR\cos\theta} \quad \Rightarrow \quad dL = \frac{aR}{L}\sin\theta\,d\theta$$

$$\int_0^\pi \frac{\sin\theta}{L^3}\,d\theta = \int_{R-a}^{R+a} \frac{dL}{aRL^2} = -\frac{1}{aR}\left(\frac{1}{R+a} - \frac{1}{R-a}\right) = \frac{2}{R(R^2 - a^2)}$$

よって式 (5.6.5) に代入して,

$$-\frac{1}{2}(R^2 - a^2)aQ\int_0^\pi \frac{\sin\theta}{L^3}\,d\theta = -\frac{1}{2}(R^2 - a^2)aQ \times \frac{2}{R(R^2 - a^2)} = -\frac{a}{R}Q$$

このように, (6) の結果が再現できる.

5.7 微分方程式を解くことで理解できる問題

本節では，ニュートンの運動方程式を微分方程式としてとらえ，変数分離法を用いて微分方程式を解く方法を知っているものとして話を進めていく．読者は，付録 B.1 を一読してから，取り組んでみよう．

1. 空気抵抗のある物体の運動

■空気抵抗を受ける雨だれ   ★★★

雨を傘で避けられる理由を考えよう．

雨滴が単純に自由落下するならば，高さ $H = 2000\,\mathrm{m}$ からでは，$H = \dfrac{1}{2}gt^2$ より，落下時間 t は約 20 秒，地上での速度 v は，$v = gt$ より $720\,\mathrm{km/h}$ に達する．これでは傘をさすのがつらい．実際は空気抵抗によって減速している．

空気抵抗は，経路上にある空気分子との相互作用によって生まれる．空気抵抗の大きさが雨滴の速さに比例するものとして（粘性抵抗という）次の問題を考えよう．

問題 5.7.1

雨滴が無限大の速さにならないのは，空気抵抗により減速されるからである．ここでは，空気抵抗が物体の速度 v に比例すると考えよう．すなわち，抵抗の比例定数を $k\,(> 0)$，雨滴の質量を m，重力加速度の大きさを g とすれば，運動方程式は，鉛直上向きを正として

$$m\frac{dv}{dt} = -mg - kv \tag{5.7.1}$$

となる．速度 v の振る舞いはどうなるか考察せよ．

▶**解**　　与式を $\dfrac{dv}{dt} = -\dfrac{k}{m}\left(v + \dfrac{mg}{k}\right)$ と変形して，変数分離法を用いると，

$$\int \frac{dv}{v + \dfrac{mg}{k}} = -\frac{k}{m}\int dt$$

$$\log\left|v + \frac{mg}{k}\right| = -\frac{k}{m}t + C_1, \quad C_1 \text{ は定数}$$

$$v + \frac{mg}{k} = C_2 e^{-(k/m)t}, \quad C_2 \text{ は定数}$$

$$\text{ゆえに}\quad v = C_2 e^{-(k/m)t} - \frac{mg}{k} \tag{5.7.2}$$

初期条件として，時刻 $t = 0$ のとき $v = 0$ であることを代入すると，定数は $C_2 = \dfrac{mg}{k}$ と決まるので，速度の式は，

$$v = \frac{mg}{k}\left(e^{-(k/m)t} - 1\right) \qquad\qquad \square$$

$v(t)$ のグラフは図 5.7.1 になる. 雨滴は最終的に一定速度になって落下してくる. これを**終端速度**という. $t \to \infty$ での雨滴の終端速度は $v = -\dfrac{mg}{k}$ となる（下向きに等速運動となる）. この事実さえ知っていれば, 最初の運動方程式で $\dfrac{dv}{dt} = 0$ とすれば終端速度は求められる.

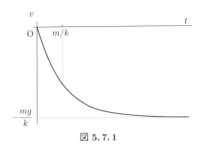

図 5.7.1

雨滴が一定速度になるということは, 重力と抵抗力がつりあって加速度がゼロになることを示す. したがって, 超高速シャッターで雨滴を撮影すると, 小さい雨滴はほぼ球状だが, 大きいものは下側が空気抵抗によって, 平らになっている様子が見られるはずである.

■空気抵抗のある場合のボールの軌跡　　　★★★

地表からボールを投げるとき, 空気抵抗がなければ, 45° の角度で投げると最も遠くまで到達することが知られている. 空気抵抗があるときはどうか. 次の順に考えよう.

問題 5.7.2

　水平方向に x 軸, 鉛直方向に y 軸（上向きが正）をとり, ボールを投げる位置を原点とする. 抵抗の比例定数を k, ボールの質量を m, 重力加速度の大きさを g, 時刻 t での速度を $(v_x(t), v_y(t))$ とすれば, 運動方程式は,

$$m\frac{dv_x}{dt} = -kv_x \tag{5.7.3}$$

$$m\frac{dv_y}{dt} = -mg - kv_y \tag{5.7.4}$$

となる. 初速度を v_0, 投げ出す角度を θ とすると, 初速度の x, y 成分は $(v_0\cos\theta, v_0\sin\theta)$ となる.

(1) 時刻 t でのボールの速度 $(v_x(t), v_y(t))$ を求めよ.

(2) 時刻 t でのボールの位置 $(x(t), y(t))$ を求めよ.

(3) t を消去して軌道の方程式（y を x の関数として表す式）を求めよ.

(4) 水平方向の到達地点 X がみたす方程式を求めよ.

▶ **解**　　以下では, $C_1, C_2, \ldots$ は定数とする.

(1) 式 (5.7.3), (5.7.4) をそれぞれ変数分離して積分する.

$v_x(t)$ は, $\displaystyle\int \frac{dv_x}{v_x} = -\frac{k}{m}\int dt$ より, $\log|v_x| = -\dfrac{k}{m}t + C_1$. したがって, $v_x = C_2 e^{-(k/m)t}$. 初速度の x 成分が $v_0\cos\theta$ より, 定数 C_2 が決まり,

$$v_x(t) = v_0\cos\theta\, e^{-(k/m)t} \tag{5.7.5}$$

$v_y(t)$ は, $\displaystyle\int \frac{dv_y}{v_y + mg/k} = -\frac{k}{m}\int dt$ より, $\log\left|v_y + \dfrac{mg}{k}\right| = -\dfrac{k}{m}t + C_3$. これよ

り, $v_y = C_4 e^{-(k/m)t} - \dfrac{mg}{k}$. 初速度の y 成分が $v_0\sin\theta$ より定数 C_4 が決まり,

$$v_y(t) = \left(v_0\sin\theta + \frac{mg}{k}\right)e^{-(k/m)t} - \frac{mg}{k} \tag{5.7.6}$$

(2) $x(t)$ は式 (5.7.5) を積分して

$$x(t) = \int v_x(t)\,dt = -\frac{mv_0\cos\theta}{k}e^{-(k/m)t} + C_5$$

初期条件 $x(0) = 0$ より, $C_5 = mv_0\cos\theta/k$ と決まる. ゆえに

$$x(t) = \frac{mv_0\cos\theta}{k}\left(1 - e^{-(k/m)t}\right) \tag{5.7.7}$$

$y(t)$ は式 (5.7.6) を積分して

$$y(t) = \int v_y(t)\,dt = -\frac{m}{k}\left(v_0\sin\theta + \frac{mg}{k}\right)e^{-(k/m)t} - \frac{mg}{k}t + C_6$$

初期条件 $y(0) = 0$ より, $C_6 = \dfrac{m}{k}\left(v_0\sin\theta + \dfrac{mg}{k}\right)$. ゆえに

$$y(t) = \frac{m}{k}\left(v_0\sin\theta + \frac{mg}{k}\right)\left(1 - e^{-(k/m)t}\right) - \frac{mg}{k}t \tag{5.7.8}$$

(3) 式 (5.7.7) より

$$1 - e^{-(k/m)t} = \frac{kx}{mv_0\cos\theta} \quad\Rightarrow\quad t = -\frac{m}{k}\log\left(1 - \frac{kx}{mv_0\cos\theta}\right)$$

これを式 (5.7.8) に代入して

$$y = \left(\tan\theta + \frac{mg}{kv_0\cos\theta}\right)x + \frac{m^2 g}{k^2}\log\left(1 - \frac{kx}{mv_0\cos\theta}\right) \tag{5.7.9}$$

となる. これが軌道の方程式である.

(4) 式 (5.7.9) より

$$\left(\tan\theta + \frac{mg}{kv_0\cos\theta}\right)X + \frac{m^2 g}{k^2}\log\left(1 - \frac{kX}{mv_0\cos\theta}\right) = 0 \tag{5.7.10}$$

□

問題 5.7.3

　ボールを投げ出す角度 θ を変化させたときの X の最大値を $X_{\max}$, このときの角度を $\theta_{\max}$ とする.

(5) $X_{\max}$ を $\theta_{\max}$ を用いて表せ.

(6) X が最大となるときにボールが落下した時刻 T を $\theta_{\max}$ を用いて求めよ.

(7) $\theta_{\max}$ を決定する方程式を導け.

(8) X が最大となるときボールが落下した瞬間の速度が地面となす角 ϕ を求めよ.

▶ 解

(5) $\dfrac{dX}{d\theta} = 0$ となる X を求める. X は式 (5.7.10) を解いて求めるのであるが, 先にこの式を θ で微分してから X を求めてもよい. しかも, $\dfrac{dX}{d\theta} = 0$ とするのだから, 実際には式 (5.7.10) で X を定数と見なして θ で微分した式をみたす X が最大値となる.

$$\left(\frac{1}{\cos^2\theta} + \frac{mg}{kv_0}\frac{\sin\theta}{\cos^2\theta} \right) X - \frac{m^2 g}{k^2}\frac{\frac{kX}{mv_0}\frac{\sin\theta}{\cos^2\theta}}{1 - \frac{kX}{mv_0\cos\theta}} = 0 \tag{5.7.11}$$

これを解いて X の最大値は, $\theta = \theta_{\max}$ として

$$X_{\max} = \frac{mv_0}{k}\frac{\cos\theta_{\max}}{1 + \frac{mg}{kv_0}\sin\theta_{\max}} \tag{5.7.12}$$

(6) 式 (5.7.7) で $x(T)$ が式 (5.7.12) と等しくなるから

$$e^{-(k/m)T} = \frac{\frac{mg}{kv_0}\sin\theta_{\max}}{1 + \frac{mg}{kv_0}\sin\theta_{\max}} \quad \Rightarrow \quad T = \frac{m}{k}\log\left(1 + \frac{kv_0}{mg\sin\theta_{\max}} \right) \tag{5.7.13}$$

(7) 軌道の方程式 (5.7.9) で $x = X_{\max}$, $\theta = \theta_{\max}$ としたときに $y = 0$ となることから

$$\left(\tan\theta_{\max} + \frac{mg}{kv_0\cos\theta_{\max}} \right) X_{\max} + \frac{m^2 g}{k^2}\log\left(1 - \frac{kX_{\max}}{mv_0\cos\theta_{\max}} \right) = 0$$

となる. ここに式 (5.7.12) を代入したものが $\theta_{\max}$ を決める式となる.

[研究] 式 (5.7.12) を代入し, $\dfrac{mg}{kv_0} = A$ とおいて整理すると次のように書き直すことができる.

$$\frac{\sin\theta + A}{A\sin\theta + 1} = A\log\left(\frac{1}{A\sin\theta} + 1 \right) \tag{5.7.14}$$

この式を解いて $\sin\theta_{\max}$ を具体的に式で表すことはできないが, 右辺, 左辺をそれぞれ $\sin\theta$ の関数とみてグラフを描き, 交点として解を求めることができる. A と 1 の大小によって式 (5.7.14) の左辺の振る舞いが変わるが, 図 5.7.2 に示したように, この方法で $\sin\theta$ が 0 と 1 の間に 1 つ解をもつことがわかる. さらに, $\theta_{\max} < \pi/4$ であることも確認できる. $A = 1$ のときには, 次のように $\theta_{\max}$ を求めることができる.

$$1 = \log\left(\frac{1}{\sin\theta} + 1 \right) \quad \Rightarrow \quad \sin\theta_{\max} = \frac{1}{e-1} \fallingdotseq 0.582 \quad \Rightarrow \quad \theta_{\max} \fallingdotseq 35.6^\circ$$

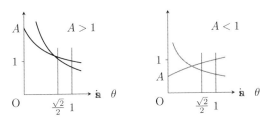

図 **5.7.2** $\sin\theta_{\max}$ のグラフによる解法

(8) 式 (5.7.5), (5.7.6) より

$$v_x(T) = v_0 \cos\theta_{\max} \, e^{-(k/m)T} = v_0 \cos\theta_{\max} \frac{\frac{mg}{kv_0}\sin\theta_{\max}}{1 + \frac{mg}{kv_0}\sin\theta_{\max}}$$

$$= \frac{mg}{k}\frac{\cos\theta_{\max}\sin\theta_{\max}}{1 + \frac{mg}{kv_0}\sin\theta_{\max}} \tag{5.7.15}$$

$$v_y(T) = \left(v_0\sin\theta_{\max} + \frac{mg}{k}\right)e^{-(k/m)T} - \frac{mg}{k}$$

$$= \left(v_0\sin\theta_{\max} + \frac{mg}{k}\right)\frac{\frac{mg}{kv_0}\sin\theta_{\max}}{1 + \frac{mg}{kv_0}\sin\theta_{\max}} - \frac{mg}{k} = \frac{\frac{mg}{k}\sin^2\theta_{\max} - \frac{mg}{k}}{1 + \frac{mg}{kv_0}\sin\theta_{\max}}$$

$$= -\frac{mg}{k}\frac{\cos^2\theta_{\max}}{1 + \frac{mg}{kv_0}\sin\theta_{\max}} \tag{5.7.16}$$

となるので

$$\tan\phi = -\frac{v_y(T)}{v_x(T)} = \frac{1}{\tan\theta_{\max}} = \tan\left(\frac{\pi}{2} - \theta_{\max}\right)$$

$$\Rightarrow \quad \phi = \frac{\pi}{2} - \theta_{\max} \tag{5.7.17}$$

□

軌道の方程式 (5.7.9) の両辺を x で微分し，x に式 (5.7.12) の $X_{\max}$ を代入すると $\frac{dy}{dx} = -\frac{1}{\tan\theta_{\max}}$ となる．ここで $\frac{dy}{dx} = -\tan\phi$ であることからも求められる．

ドーム型野球場のドームの形状は，ホームランのボールの軌跡を空気抵抗付きの微分方程式で解いたカーブをもとに設計されている（図 5.7.3）．

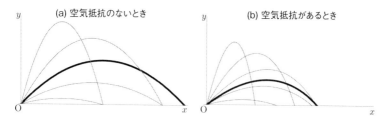

図 **5.7.3** 空気抵抗がないとき (a) と，あるとき (b) のボールの軌跡の例．投げ出す角度が，$\theta = 15°, 30°, 45°, 60°, 75°$ の場合について描いた．太線は $\theta = 35.6°$ の場合である．(a) と比べると，(b) は空気抵抗があるため到達する高さも距離も短くなる．

2. RL 回路・RC 回路の過渡現象

電気回路も微分方程式で取り扱ってみよう．基本は，キルヒホッフの第 2 法則で，

$$(回路一周の起電力) = (回路一周の電圧降下)$$

である．回路を流れる電流を時間の関数 $I(t)$ とする．
- 抵抗値 R の抵抗は，電圧降下 RI を生じる素子
- インダクタンス L のコイルは誘導起電力 $-L\dfrac{dI}{dt}$ を引き起こす素子
- 電気容量 C のコンデンサは，電位差 $\dfrac{Q}{C}$ を極板間に生じる素子．ただし Q は電流が流れ込む側の極板に蓄えられる電気量で，$I = \dfrac{dQ}{dt}$ の関係がある．

ここでは素子が 2 つある場合の直列回路の問題を解いてみよう．

問題 5.7.4

　抵抗値 R の抵抗とインダクタンス L のコイルで構成される RL 直列回路を考える（図 5.7.4）．起電力は一定値 V とする．回路を流れる電流を $I(t)$ とする．コイルが誘導起電力 $-L\dfrac{dI}{dt}$ を引き起こすことを考え，この回路にキルヒホッフの第 2 法則を適用すると，

$$V - L\frac{dI}{dt} = RI \qquad (5.7.18)$$

となる．スイッチを入れる時刻 $t = 0$ で $I = 0$ とすると，$I(t)$ はどうなるか．

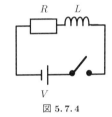

図 **5.7.4**

▶**解**　式 (5.7.18) を $\dfrac{dI}{dt} = -\dfrac{R}{L}\left(I - \dfrac{V}{R}\right)$ と変形して，変数分離法によって $I(t)$ を求める．

$$\int \frac{1}{I - V/R}\, dI = \int \left(-\frac{R}{L}\right)\, dt \quad より$$

$$\log\left|I - \frac{V}{R}\right| = -\frac{R}{L}\, t + C_1, \quad C_1 は定数$$

これより，一般解

$$I(t) = C_2 e^{-(R/L)t} + \frac{V}{R}$$

が得られる．

　初期条件 $I(0) = 0$ より，$C_2 = -\dfrac{V}{R}$ となるので，求める解は，

$$I(t) = \frac{V}{R}\left(1 - e^{-(R/L)t}\right) \qquad\qquad □$$

電流 $I(t)$ をグラフにすると，図 5.7.5 のようにな
る．$t \to \infty$ の極限を考えると，$I = V/R$ の一定値
になる．これは，コイルは単なる導線となり，回路
には抵抗だけが存在するかのような定常状態に落ち
着くことを示している．

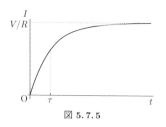

$t = 0$ の直後は回路は定常状態ではない．これを
過渡状態（transient phenomena）という．一般に，
電気回路は，スイッチを入れた直後は安定ではない．

図 5.7.5

過渡状態が続くおよその時間の目安として，e の肩の指数の部分が -1 になる時刻である
時定数 τ と呼ばれる量が使われる．いまの場合は $\tau = L/R$ である．なお，$e^{-1} \fallingdotseq 0.368$，
$1 - e^{-1} \fallingdotseq 0.632$ となる．

問題 5.7.5

抵抗値 R の抵抗と電気容量 C のコンデンサで構成され
る RC 直列回路を考える（図 5.7.6）．起電力は一定値 V と
する．回路を流れる電流を $I(t)$ とする．コンデンサが蓄え
る電荷を $Q(t)$ とすると，$I = \dfrac{dQ}{dt}$ の関係がある．この回
路にキルヒホッフの第 2 法則を適用すると，

$$V = RI + \frac{Q}{C} \qquad (5.7.19)$$

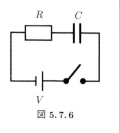

図 5.7.6

となる．スイッチを入れる時刻 $t = 0$ で $Q = 0$ とすると，
$Q(t), I(t)$ はどうなるか．

▶**解**　電流の定義式 $I = \dfrac{dQ}{dt}$ より，式 (5.7.19) は $V = R\dfrac{dQ}{dt} + \dfrac{Q}{C}$ となって，$Q(t)$ に
関する微分方程式

$$\frac{dQ}{dt} = -\frac{Q}{RC} + \frac{V}{R}$$

になる．変数分離して解くと，

$$\int \frac{1}{Q - CV}\, dQ = -\int \frac{dt}{RC}$$

$$\log|Q - CV| = -\frac{t}{RC} + D_1, \quad D_1 は定数$$

ゆえに一般解は，$Q = D_2 e^{-t/RC} + CV$．初期条件（$t = 0$ で $Q = 0$）より，$D_2 = -CV$
と決まるので，求める解は，

$$Q(t) = CV\left(1 - e^{-t/RC}\right)$$

となる（次第に蓄えられていく）．電流は，これを微分して

$$I(t) = \frac{V}{R}e^{-t/RC}$$

となる（次第に流れなくなっていく）．これも過渡現象であり，時間変化は指数関数で表されることがわかる（図5.7.7）．時定数は $\tau = RC$ である．

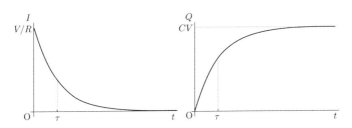

図 **5.7.7** RC 直列回路を流れる電流 $I(t)$ と，コンデンサに蓄えられる電荷 $Q(t)$．$\tau = RC$ は時定数．

3. 懸 垂 線

　曲線の長さを求める式は，高校数学 III で登場する．微小区間の長さ $\sqrt{(\Delta x)^2 + (\Delta y)^2}$ の足し合わせとして計算するもので（図5.7.8），関数 $y = f(x)$ のグラフの区間 $a \leqq x \leqq b$ における長さ L は，

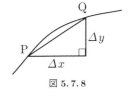

図 **5.7.8**

$$L = \lim_{\Delta x \to 0} \sum \sqrt{(\Delta x)^2 + (\Delta y)^2} = \int_a^b \sqrt{(dx)^2 + (dy)^2}$$

$$= \int_a^b \sqrt{1 + \left(\frac{dy}{dx}\right)^2} \, dx \tag{5.7.20}$$

となる．

　さて，ロープの両端をもって垂らすと，重力を受けてたわんだ曲線を描く．放物線のように見えるがわずかに異なる．この曲線の式を求めてみよう．

　ロープの最下点を A とする．水平方向に x 軸，鉛直上向きに y 軸を $y = a$ が点 A となるようにとる．最下点 A でのロープの張力を T_0 とし，ロープ上の点 P (x, y) でロープの接線が水平面となす角を θ，張力を T とする．また，ロープの線密度は一定で ρ，AP 間のロープの長さを s とすると，AP 間のロープにはたらく力のつりあいの条件は，

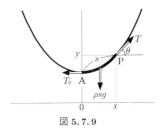

図 **5.7.9**

$$\text{水平方向：} T \cos \theta = T_0$$

$$\text{鉛直方向：} T \sin \theta = \rho s g$$

辺々割って次の式が得られる．

$$\tan \theta = \frac{\rho g}{T_0} s \tag{5.7.21}$$

以降，$\dfrac{\rho g}{T_0} \equiv \dfrac{1}{a}$ とおく．また，$\tan\theta = \dfrac{dy}{dx}$ であり，$s = \displaystyle\int_0^x \sqrt{1 + \left(\dfrac{dy}{dx}\right)^2}\, dx$ である．

問題 5.7.6

ロープの両端をもったとき，重力を受けてたわむロープの曲線の形は，式 (5.7.21) より，微分方程式

$$\frac{dy}{dx} = \frac{1}{a} \int_0^x \sqrt{1 + \left(\frac{dy}{dx}\right)^2}\, dx \tag{5.7.22}$$

で与えられる．両辺をさらに微分し，$z = \dfrac{dy}{dx}$ と置換することにより，微分方程式を解いて曲線の式 $y(x)$ を求めよ．

▶ **解**　両辺を x で微分して $\dfrac{d^2 y}{dx^2} = \dfrac{1}{a}\sqrt{1 + \left(\dfrac{dy}{dx}\right)^2}$．$z = \dfrac{dy}{dx}$ とおくと，

$$\frac{dz}{dx} = \frac{1}{a}\sqrt{1 + z^2} \quad \text{すなわち} \quad \frac{dz}{\sqrt{1 + z^2}} = \frac{1}{a}dx$$

積分して

$$\log(z + \sqrt{1 + z^2}) = \frac{x}{a} + C_1, \quad C_1 \text{は定数}$$

$x = 0$ で，$z = \dfrac{dy}{dx} = 0$ より，$C_1 = 0$ と決まる．したがって，

$$e^{x/a} = z + \sqrt{1 + z^2} \tag{5.7.23}$$

両辺の逆数をとると

$$e^{-x/a} = \frac{1}{z + \sqrt{1 + z^2}} = \sqrt{1 + z^2} - z \tag{5.7.24}$$

式 (5.7.23) から式 (5.7.24) を引いて 2 で割って

$$\frac{1}{2}\left(e^{x/a} - e^{-x/a}\right) = z = \frac{dy}{dx} \quad \Rightarrow \quad y(x) = \frac{a}{2}\left(e^{x/a} + e^{-x/a}\right) + C_2, \quad C_2 \text{は定数} \tag{5.7.25}$$

$x = 0$ で $y = a$ より $C_2 = 0$ となる．　　　　　　□

コラム 10（★★★懸垂線）

式 (5.7.25) は，懸垂線（catenary，カテナリー）と呼ばれる曲線である．命名はラテン語の鎖（catena）からきている．電信柱間の電線，線路の架線，吊り橋などの曲線はみなこの式で表される．ガリレイが 1638 年に「鎖が描く曲線は放物線である」と著書に書いたが，15 歳だったホイヘンスがその誤りを指摘したという．実際に曲線の式が得られたのは 1691 年で，ライプニッツやヨハン・ベルヌーイによる．

双曲線関数として，

$$\sinh x = \frac{1}{2}\left(e^x - e^{-x}\right) \qquad (5.7.26)$$

$$\cosh x = \frac{1}{2}\left(e^x + e^{-x}\right) \qquad (5.7.27)$$

$$\tanh x = \frac{\sinh x}{\cosh x} \qquad (5.7.28)$$

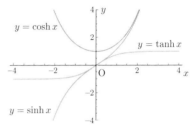

図 5.7.10　3 つの双曲線関数のグラフ

と定義される 3 つの関数があり，それぞれハイパボリックサイン，ハイパボリックコサイン，ハイパボリックタンジェントと読む（図 5.7.10）．式 (5.7.25) の懸垂線は，$y = a\cosh\dfrac{x}{a} + C_2$ として表される．

「双曲線関数」の名前は，

$$(\cosh t)^2 - (\sinh t)^2 = 1$$

の性質をもつからで，双曲線 $\left(\dfrac{x}{a}\right)^2 - \left(\dfrac{y}{b}\right)^2 = 1$ を

$$x = a\cosh t, \quad y = b\sinh t$$

としてパラメータ表示 ▶第 1 巻付録 A.2 するのに適していることに由来する．

5.8 水 の 問 題

■アルキメデスの原理 ★☆☆

物体が液体中にあると，前後左右上下のあらゆる方向から力を受ける．この合力を浮力という．物体の代わりに，まわりと同じ液体があれば，その液体にはたらく重力と浮力がつりあい，液体は動かないはずである．つまり，液体中の物体が受ける浮力の大きさは，その物体をまわりと同じ液体におき換えたとき，そこにはたらく重力の大きさと同じである．このことを，アルキメデスは，次のように表現した．

> **法則 5.1 （アルキメデスの原理）**
> 液体中の物体は，押しのけた液体の質量分だけ軽くなる．

■重力と浮力による単振動 ★☆☆

水面で上下振動する円柱の運動を考えよう．以下では，水面の高さは一定とする．

問題 5.8.1

半径 r，質量 m の円柱があり，密度 ρ の液体中に浮かべる（図 5.8.1）．重力加速度の大きさを g とし，空気による浮力は考えない．円柱が完全に沈むことはないとする．

(1) 円柱が縦のまま途中まで沈んで静止しているとする．円柱に加わる重力 mg と液体から受ける浮力のつりあいから，円柱の液体表面より下の部分の高さ h を求めよ．

(2) つりあいの位置からわずかにずれた円柱は，上下に単振動を行う．(1) のつりあいの位置からの変位を $x(t)$（上がったときに $x > 0$）とする．振動の周期を求めよ．

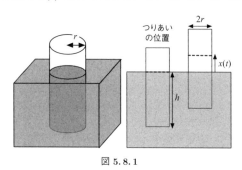

図 5.8.1

▶解

(1) 沈んだ部分の体積は $V \equiv \pi r^2 h$ なので，浮力の大きさは，$\rho V g$ である．重力 mg と浮力のつりあいから，$mg = \rho \pi r^2 h g$．これより，$h = \dfrac{m}{\pi r^2 \rho}$.

(2) 円柱の運動方程式は，加速度を a とすると

$$ma = \pi r^2 \rho (h - x) g - mg$$

となる．(1) の結果を代入すると，

$$ma = -\pi r^2 \rho g x$$

となり，これは単振動の式である．したがって運動は，C_1, C_2 を積分定数として

$$x(t) = C_1 \cos \sqrt{\frac{\pi r^2 \rho g}{m}} t + C_2 \sin \sqrt{\frac{\pi r^2 \rho g}{m}} t$$

となる．この単振動の周期 T は，$T = \dfrac{2\pi}{\sqrt{\pi r^2 \rho g / m}} = 2\pi \sqrt{\dfrac{m}{\pi r^2 \rho g}}$. $\qquad\square$

問題 5.8.2

同様の設定で，断面が異なる物体を考えよう．

(3) 一辺の長さが $2r$ の正三角形を断面とする柱がある．全体の質量は m で，密度 ρ の液体中に浮かべる（図 5.8.2）．正三角柱が完全に沈むことはないとする．縦のまま重力と浮力のつりあいの点にあり，わずかにずれたとき，どのような周期で単振動を行うか．

(4) 断面が図 5.8.3 のような柱を考える．正三角形の 2 つの頂点を通る曲線は，もう一つの頂点を中心とする円弧である．他の設定は (3) と同様とするとき，単振動の周期を求めよ．

(5) (4) で考えた柱は真横から見ると問題 5.8.1 の円柱と同じ横幅 $2r$ で見分けがつかない．周期を観測して柱の形状を決定することができるだろうか．

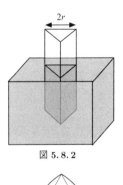

図 5.8.2

図 5.8.3

▶**解**

(3) 断面積は $\sqrt{3} r^2$ なので，問題 5.8.1 の円柱の場合の断面積 πr^2 の部分を置き換えればよい．周期 T は，$T = 2\pi \sqrt{\dfrac{m}{\sqrt{3} r^2 \rho g}}$.

(4) 同様に断面積は $2(\pi - \sqrt{3}) r^2$ なので，周期 T は，$T = 2\pi \sqrt{\dfrac{m}{2(\pi - \sqrt{3}) r^2 \rho g}}$.

(5) 周期が異なるので両者は区別可能である．断面積がより大きい円柱の方が周期は短くなる．

ここでは質量が等しいとしたが，同じ材質，同じ高さであれば質量 m が断面積に比例するので，周期は同じになる． $\qquad\square$

■ トリチェリの法則　　　　　　　　　　　　　　　　　　　　　　★☆☆

　容器の底に小さな穴を開け，出てくる水の様子を見る．容器にたくさんの水があると，水自身の重力によって水圧が大きくなるので，穴から放出される水量は多い．次の法則が知られている．

> **法則 5.2（トリチェリの法則）**
> 　流体の粘性が無視できるならば，容器に入れた流体の表面の高さが y のとき，容器の底に開けた小さな穴から流出する流体の速度 v は，$v = \sqrt{2gy}$ である．ここで，g は重力加速度の大きさである．

この法則を導いてみよう．

問題 5.8.3

　容器の底から高さ y のところまで流体が入っている．高さ y の付近での容器の断面積がほぼ一定で S とする（図5.8.4）．時間 Δt の間に流体の高さが微小量 Δy だけ下がったとき，この間に流出した流体の体積は　ア　．液体の密度を ρ とすれば，流出した液体の質量 Δm は $\Delta m = \rho \times$ ア である．

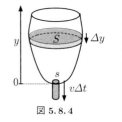

図 5.8.4

　失われた重力による位置エネルギーは容器の底面を基準として　イ　である．このエネルギーは流出した液体の運動エネルギー　ウ　に変化するので，

$$\boxed{\text{イ}} = \boxed{\text{ウ}}.$$

したがって，$v = \sqrt{2gy}.$

▶ **解**

ア　流出部分の体積は，（断面積）×（高さ）より，$\underline{S\Delta y}_{\text{ア}}$.

イ　$\Delta m\, gy$

ウ　$\dfrac{1}{2}\Delta m\, v^2$ 　　　　　　　　　　　　　　　　　　　　　□

この導出から，トリチェリの法則は，容器の形状や流体の密度によらないことがわかる．

■ 水時計の設計　　　　　　　　　　　　　　　　　　　　　　　　★★☆

　古くから時間を計るために水時計が使われている．容器に水を入れ，底の穴から水を放出し，容器中の水面の高さの下がり方で時間を計ることにする．しかし，単純な円筒形の容器に等間隔で目盛りを入れたのでは，トリチェリの法則により放出される水量が変化していくので，時計とすることは難しい．どのような形状で容器を作ればよいだろうか．次の順で考えてみよう（なお，本問後半では微分方程式の解法 ▶付録 B.1 を用いる）．

> **問題 5.8.4**
> 　図 5.8.4 のような水時計を作る．容器の底を原点として，高さ方向を y 軸にとり，高さ y での容器の断面積を $S(y)$ とする．容器の底には断面積 s の穴を開け，水を放出する．容器に水平に目盛りをつけて，容器中の液体の表面が目盛りを通過する時間を計る．
> (1) 微小時間 Δt における，高さ y の水面の時間変化率 $\dfrac{\Delta y}{\Delta t}$ を，$S(y), s, g, y$ を用いて表せ．
> (1) で得られた式を $\Delta t \to 0$ の極限で考えると，微分方程式が得られる．
> (2) 半径 R の円柱容器を使う場合，円柱に等間隔に目盛りをつけておくと，容器中の液体の表面が目盛りを通過する時間間隔はどのようになるだろうか．

▶ **解**

(1) 上記のトリチェリの法則の証明と同じ設定で，高さ y での容器の断面積を $S(y)$ とする．時間 Δt の間に液体の高さが Δy だけ変化したとすると，減少した液体の体積は $S \Delta y$ となる．一方底から流出した液体の体積は，開けた穴の断面積 s と，流出した液体の速度 v を用いて $sv\Delta t$ となる．両者の合計がゼロのはずなので，

$$S \Delta y + sv \Delta t = 0 \quad \text{すなわち} \quad S(y)\frac{\Delta y}{\Delta t} + sv = 0$$

トリチェリの法則より $v = \sqrt{2gy}$ を代入すると，

$$S(y)\frac{\Delta y}{\Delta t} + s\sqrt{2gy} = 0$$

したがって，

$$\frac{\Delta y}{\Delta t} = -\frac{s}{S(y)}\sqrt{2gy}$$

(2) (1) で得られた式で $\Delta t \to 0$ の極限をとると，微分方程式

$$\frac{dy}{dt} = -\frac{s}{S(y)}\sqrt{2gy} \tag{5.8.1}$$

が得られる．

　容器が半径 R の円柱なら（図 5.8.5），$S(y) = \pi R^2 = （一定）$なので，式 (5.8.1) を変数分離形として解くと，

$$\int dt = -\frac{\pi R^2}{s\sqrt{2g}} \int y^{-1/2}\,dy$$

ゆえに

$$t = -\frac{\pi R^2}{s}\sqrt{\frac{2}{g}}\,y^{1/2} + C, \quad C \text{ は定数}$$

初期条件として，$t = 0$ で $y = H$ とするならば，

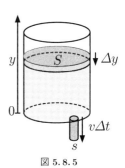

図 5.8.5

$C = \dfrac{\pi R^2}{s}\sqrt{\dfrac{2H}{g}}$ （$\equiv \alpha\sqrt{H}$）とすると積分定数が決まるので,

$$y = \left(\sqrt{H} - \dfrac{t}{\alpha}\right)^2 \tag{5.8.2}$$

となる. したがって, 容器中の液面の高さ y は, t に依存して変化する. 上部の方が速く高さが減ることになる. □

問題 5.8.5

　流出する流体の量が常に一定になるようにするためにはどのような容器の形状にすればよいか. $S(y)$ の関数形を $S(y) = S_0 y^n$ と仮定して, 適した n を求めよ.

▶**解**　式 (5.8.1) を $S(y)$ のまま変数分離形として積分すると

$$\int dt = -\dfrac{1}{s\sqrt{2g}} \int S(y) y^{-1/2}\, dy$$

$S(y)$ の関数形を $S(y) = S_0 y^n$ とおいて積分すると

$$t = -\dfrac{S_0}{s}\dfrac{1}{\sqrt{2g}} \int y^{n-\frac{1}{2}}\, dy + C = -\dfrac{S_0}{s}\dfrac{1}{\sqrt{2g}}\dfrac{1}{n+\frac{1}{2}} y^{n+\frac{1}{2}} + C$$

となる. これが $t \sim -y$ となる（t が y に比例する）ためには, $n + \dfrac{1}{2} = 1$ とすればよく, $n = \dfrac{1}{2}$ と条件が導かれる. ゆえに容器の形状は $S(y) = S_0\sqrt{y}$ とするのが水時計に適していることになる. □

容器の断面が円形の場合には, 容器の半径を r として $S_0\sqrt{y} = \pi r^2$ なので, 高さ y が r と $y \sim r^4$ の関係をもっていればよい（図 5.8.6）.

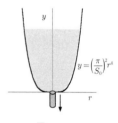

図 5.8.6

数 学 の 補 足 2

　高校で習う「物理」は，教科書検定の縛りもあり，大学で習う物理学とは質的に異なる部分がある．大学初年度で多くの学生が戸惑うのは，微分・積分やベクトル解析を用いるアプローチだ．本書ではすでにところどころで登場したが，一段高いところから問題を眺めると，すっきりと解決することがある．小学校で鶴亀算の解き方を習っていても，中学で方程式を習うと一気に世界が広がることと同様である．

オイラー

B.1 微 分 方 程 式

■ 物理と微分方程式　　　　　　　　　　　　　　　　　　　★☆☆

物体の位置を時間の関数 $x(t)$ とすれば，速度 $v(t)$ と加速度 $a(t)$ は，その時間微分

$$v(t) = \frac{dx}{dt}, \quad a(t) = \frac{dv}{dt} = \frac{d^2x}{dt^2} \tag{B.1.1}$$

で与えられる．物理では時間微分をドット（˙）記号を用いて $v(t) = \dot{x}(t), a(t) = \ddot{x}(t)$ などと表すことも多い．

ニュートンの運動方程式を解くことは，数学的には微分方程式

$$m\frac{dv}{dt} = F \quad \text{あるいは} \quad m\frac{d^2x}{dt^2} = F \tag{B.1.2}$$

の解を求める問題である．

もし，加わる力 F が一定であれば，式 (B.1.2) は，一定の加速度 $a = F/m$ を与えるので，この式を積分することによって，

$$v(t) = \int_0^t \frac{F}{m}\,dt + v_0 = \int_0^t a\,dt + v_0 = at + v_0,$$
$$x(t) = \int_0^t v(t)\,dt + x_0 = \frac{1}{2}at^2 + v_0 t + x_0$$

となる．ここで，v_0, x_0 は定数で，物理的には初速度と初期位置に相当する．つまり，運動方程式を解く問題は，2 階の微分方程式を解く問題であり，初期条件を 2 つ与えないと解が決まらない．運動方程式を解く問題を眺めてみると，よく 2 つの条件が設定されている．「木の上から，静かに手をはなしてリンゴを落とした」とあれば，高さが与えられ，初速度がゼロであることを示唆している．

ばねに生じる弾性力のように，ある点 O からの変位 x に比例して力がはたらく場合，運動方程式は次のように書き直すことができる．

$$\frac{d^2x}{dt^2} = -\omega^2 x \tag{B.1.3}$$

これを微分方程式として解くには，常微分方程式の知識が必要となる．しかし，

$$x(t) = C_1\cos\omega t + C_2\sin\omega t, \quad C_1, C_2 \text{ は積分定数} \tag{B.1.4}$$

が式 (B.1.3) の「解になっていることを確認する」のは容易である．実際に計算してみると，

$$\frac{dx}{dt} = -C_1\omega\sin\omega t + C_2\omega\cos\omega t$$
$$\frac{d^2x}{dt^2} = -C_1\omega^2\cos\omega t - C_2\omega^2\sin\omega t = -\omega^2 x(t)$$

となり，式 (B.1.3) をみたすことがわかる．このように，微分方程式は「解くのは大変だが，誰かが解を求めたら，それが正しいかどうかを確認するのは容易である」という特徴

をもっている.

　高校物理では,運動方程式を微分方程式として扱わないことになっているので,弾性力による運動が,単振動として三角関数で記述できることは現象として理解することになっているが,大学では「解くと式 (B.1.4) になる」ことを学ぶ.ちなみに,式 (B.1.4) は積分定数を 2 つ (C_1, C_2) 含んでいて,これも初期位置と初速度の 2 つの初期条件を与えれば,具体的な解が決まる.逆に,2 階の微分方程式で積分定数 2 つを含む解が見つかっていれば,それは微分方程式の一般解が得られていることを意味している.

　微分方程式は,どのような場合でも簡単に解けるわけではない.知られている関数で解が見つかったとき「解析的に解けた」と表現する.それが不可能なときには,コンピュータでプログラムを組み「数値的に解く」ことになる ▶第 3 巻付録 C .微分方程式のうち,独立変数が 1 つだけのもの(例えば時間のみに依存する運動方程式)を常微分方程式といい,変数が 2 つ以上のもの(例えば位置 x, y, z にも依存するような波動方程式)を偏微分方程式という.当然ながら前者の方が簡単である.常微分方程式は数値的には必ず解けることが知られている.しかし,偏微分方程式を解く際には,数値積分法の収束性や安定性などが問題になり,必ずしもすべてが容易に解けるわけではない.解の存在や一意性が不明な場合もある.気象予報のためにスーパーコンピュータが使われているが,これは,時間と空間に依存する流体の方程式を細かい格子グリッドを用いて解く大規模なシミュレーションを実行するからである.ここ 10 年で台風の進路予想は,かなり正しく計算できるようになってきた.

■微分方程式:変数分離法　　　　　　　　　　　　★★☆

　微分方程式の解法についての一般論は,大学で講義されるが,最も簡単な**変数分離法**による 1 階微分方程式の解き方を説明しよう.

　関数 $y(x)$ についての 1 階の微分方程式

$$\frac{dy}{dx} = f(x, y)$$

は一般的に解くことが難しいが,右辺が x の関数と y の関数の積となっている場合は,次のように解くことができる.

公式 B.1（変数分離法による 1 階微分方程式の解法）

　$x(t)$ に関する微分方程式の右辺が x と t の関数の積で書かれているとき,すなわち

$$\frac{dx}{dt} = f(x)g(t) \tag{B.1.5}$$

のとき,変数を両辺に分離した次の積分を行うことで解ける.

$$\int \frac{dx}{f(x)} = \int g(t)\, dt \tag{B.1.6}$$

微分方程式の階数と等しい数の積分定数を含んだ解を**一般解**と呼ぶ.初期条件を与えて

積分定数を決めた解を**特殊解**と呼ぶ.

例1 $\dfrac{dx}{dt} = at,\quad a$ は定数

これは直接積分することでも解けるが,あえて変数分離法で解くと次のようになる.
$\displaystyle\int dx = \int at\,dt$ と変形して積分すると,

$$x + C_1 = \frac{1}{2}at^2 + C_2,\quad C_1, C_2 \text{ は定数}$$

となるから,$x(t) = \dfrac{1}{2}at^2 + C\ (C = C_2 - C_1$ は定数$)$.

例2 $\dfrac{dx}{dt} = bx,\quad b$ は定数

$\displaystyle\int \frac{dx}{x} = \int b\,dt$ と変形して積分すると,

$$\log|x| + C_1 = bt + C_2,\quad C_1, C_2 \text{ は定数}$$

となるから,$x(t) = Ce^{bt}\ (C = \pm e^{C_2 - C_1}$ は定数$)$.

例3 原子核の放射性崩壊はランダムに生じるので,原子核の数 $N(t)$ の変化率は全体の数に比例する.微分方程式は,

$$\frac{dN}{dt} = -\lambda N,\quad \lambda \text{ は正の定数} \tag{B.1.7}$$

となる.これを変数分離法で解く.初期条件として $t = 0$ のときでの原子核の数 $N(0)$ が与えられているときには,次のように定積分で計算する.$N(t) > 0$ であることから

$$\int_{N(0)}^{N(t)} \frac{dN}{N} = -\int_0^t \lambda\,dt \quad \text{すなわち} \quad \log\left(\frac{N(t)}{N(0)}\right) = -\lambda t$$

$$\text{したがって}\quad N(t) = N(0)e^{-\lambda t}$$

となって,指数関数的に減少していく解を得ることができる.

本書では,第5章 ▶5.7節 にて,微分方程式を用いて解く問題について触れている.

■微分方程式:積分因子法　　　　　　　　　　　　　　★★★

微分方程式の別の解き方として,積分因子法を紹介しよう.

関数 $y(x)$ についての微分方程式

$$\frac{dy}{dx} + ay = f(x) \tag{B.1.8}$$

を考える.a は定数,$f(x)$ は任意の関数である.この式の両辺に e^{ax} を乗じると,

$$e^{ax}\left(\frac{dy}{dx} + ay\right) = e^{ax}f(x) \tag{B.1.9}$$

となるが,この左辺は,積の微分公式を用いると

$$e^{ax}\left(\frac{dy}{dx} + ay\right) = e^{ax}ay + e^{ax}\frac{dy}{dx} = \frac{d}{dx}\left(e^{ax}y\right)$$

と書き換えることができる．そこで式 (B.1.9) の両辺を積分すると，C_1, C を積分定数として

$$\int \frac{d}{dt}\left(e^{ax}y\right)dx = \int e^{ax}f(x)\,dx$$

$$e^{ax}y + C_1 = \int e^{ax}f(x)\,dx$$

$$\text{すなわち}\quad y = e^{-ax}\left(\int e^{ax}f(x)\,dx + C\right)$$

となって，$y(x)$ の解が得られる．つまり，次のようにまとめられる．

法則 B.1（積分因子法による 1 階微分方程式の解法）
　式 (B.1.8) のタイプの微分方程式は，両辺に積分因子 e^{ax} を乗じて積分すればよい．

本書では，第 3 巻 ▶第 3 巻 8.3 節 にて，この解法を必要とする問題がある．

B.2 偏 微 分

■偏微分 ★★☆

　空間座標 (x, y, z) に依存する関数 $F(x, y, z)$ がある．y, z 方向への変化は考えず，x 方向のみを変化させて計算する微分を**偏微分**（partial derivative）といい，

$$\frac{\partial F}{\partial x} = \lim_{\Delta x \to 0} \frac{F(x + \Delta x, y, z) - F(x, y, z)}{\Delta x} \tag{B.2.1}$$

などと書く（本書では，省略して $\partial_x F$ とも書く）．∂ は「パーシャル」あるいは「デル」と読む．

■場の考え：ポテンシャルの勾配が力を生じさせる ★★☆

　高校物理では2つの天体の間には万有引力がはたらく，とするニュートン流の重力の解釈を習うが，この考えには欠陥がある．1つの天体が移動して遠ざかると，その瞬間に，もう片方の天体にはたらく力が弱くなる．これでは情報の伝達速度が無限大となってしまい，物理法則の因果関係を壊すことになるからだ．この問題点を解決したのが，アインシュタインによる**一般相対性理論** ▶第3巻第7章 で，基本的な考えは，「力」が存在するのではなく，「力を生じさせる場がある」とする物理学の根本的な姿勢の転換である．

　物理学では，力 $\vec{F}$ が生じる原因として，重力場や電磁場など「**場**（field）」を考える．さらに，場は位置エネルギー（ポテンシャルエネルギー）$U(\vec{x})$ の勾配で与えられると考える．例えば，力 $\vec{F}$ の x 方向成分 F_x は

$$F_x = -\frac{\partial}{\partial x} U \tag{B.2.2}$$

で与えられる（マイナスがつくのはポテンシャルエネルギーを定義する際の習慣である）．

例1　一様重力場では，高さ x の位置での位置エネルギーは $U = mgx$ である（$x = 0$ を基準点とする）．重力の大きさは，$F = -\dfrac{\partial}{\partial x} mgx = -mg$ となる．

例2　ばねにつながれた質点があり，位置 x での位置エネルギーが $U = \dfrac{1}{2}kx^2$ であるとき，質点にはたらく弾性力の大きさは，$F = -\dfrac{\partial}{\partial x}\left(\dfrac{1}{2}kx^2\right) = -kx$ となる．

例3　質量 M, m の天体間の距離が x のとき，万有引力の位置エネルギーは $U = -G\dfrac{Mm}{x}$ とする．万有引力の大きさは，$F = -\dfrac{\partial}{\partial x}\left(-G\dfrac{Mm}{x}\right) = -G\dfrac{Mm}{x^2}$ となる．

これらのように，大学以上の物理学では，はじめにどのような「場」が存在しているのかを設定してから議論が始まることになる．本書で紹介する電磁気学のマクスウェル方程式 ▶付録 B.3 は，電気力と磁気力を電場と磁場の存在によって説明した理論である．

■ 全微分　　　　　　　　　　　　　　　　　　　　★★☆

2 変数関数 $f(x, y)$ に対して

$$df = \frac{\partial f}{\partial x}dx + \frac{\partial f}{\partial y}dy \tag{B.2.3}$$

で与えられる量を関数 $f(x, y)$ の**全微分**という．微小変化 dx, dy に対する関数 f の全体での変化量を与える量である．同様に 3 変数関数 $g(x, y, z)$ に対しては全微分は

$$dg = \frac{\partial g}{\partial x}dx + \frac{\partial g}{\partial y}dy + \frac{\partial g}{\partial z}dz \tag{B.2.4}$$

となる．

■ 状態方程式　　　　　　　　　　　　　　　　　　★★☆

高校物理では気体の状態方程式を習う ▶第 1 巻 2.0.1 項．一般に（気体に限らず），圧力 p，体積 V，絶対温度 T の間に成り立つ関係式

$$f(p, V, T) = 0 \tag{B.2.5}$$

を状態方程式という．大学で熱力学をはじめて学んだときに取っ付きにくいのは，変化する物理量が p, V, T でありながら，それらが状態方程式で結びついていることだろう．なにを止めてなにを動かすかという記述は偏微分が得意とするものだ．

状態方程式から，例えば温度 T は，圧力 p と体積 V の関数として

$$T = T(p, V) \tag{B.2.6}$$

として表される．p と V がそれぞれ微小変化したときの T の変化量は，全微分を用いて

$$dT = \left(\frac{\partial T}{\partial p}\right)_V dp + \left(\frac{\partial T}{\partial V}\right)_p dV \tag{B.2.7}$$

となる．偏微分に添えられた文字は，その状態量を一定にしたときの偏微分であることを明記するためである．

■ マイヤーの関係式の導出　　　　　　　　　　　　★★★

気体や液体の内部エネルギー U を温度 T と体積 V の関数として考えて，$U = U(T, V)$ としよう．外部から加える熱量を $d'Q$ とする．dQ とせずに $d'Q$ と書くのは，この微小量は状態変化の仕方によって変化することを示すためである．このように定義すると熱力学の第 1 法則は，

$$dU = d'Q - p\,dV \tag{B.2.8}$$

となる．次の 2 つの量を表しておこう．

- 定積モル比熱 C_V は，体積 V を一定に保って，1 mol の気体に熱 $d'Q$ を加えたときの温度変化を dT として次式で定義される．

$$C_V = \frac{d'Q}{dT} = \left(\frac{\partial U}{\partial T}\right)_V \tag{B.2.9}$$

- 定圧モル比熱 C_p は，圧力 p を一定に保って，$1\,\mathrm{mol}$ の気体に熱 $d'Q$ を加えたときの温度変化を dT として次式で定義される．

$$C_p = \frac{d'Q}{dT} = \left(\frac{\partial U}{\partial T}\right)_V + \left\{\left(\frac{\partial U}{\partial V}\right)_T + p\right\}\left(\frac{\partial V}{\partial T}\right)_p \tag{B.2.10}$$

［式 (B.2.9) の導出］

内部エネルギー U の全微分

$$dU = \left(\frac{\partial U}{\partial T}\right)_V dT + \left(\frac{\partial U}{\partial V}\right)_T dV$$

を式 (B.2.8) に代入すると

$$d'Q = \left(\frac{\partial U}{\partial T}\right)_V dT + \left\{\left(\frac{\partial U}{\partial V}\right)_T + p\right\} dV \tag{B.2.11}$$

となるが，ここで，$V = （一定）$ とすれば，式 (B.2.9) が得られる．

［式 (B.2.10) の導出］

式 (B.2.11) の dV 部分に，V の全微分

$$dV = \left(\frac{\partial V}{\partial T}\right)_p dT + \left(\frac{\partial V}{\partial p}\right)_T dp$$

を代入する．ただし，$p = （一定）$ とするので $dV = \left(\dfrac{\partial V}{\partial T}\right)_p dT$ を代入する．

$$d'Q = \left[\left(\frac{\partial U}{\partial T}\right)_V + \left\{\left(\frac{\partial U}{\partial V}\right)_T + p\right\}\left(\frac{\partial V}{\partial T}\right)_p\right] dT$$

これより，式 (B.2.10) が得られる．

理想気体では，内部エネルギーは温度 T のみで決まるので，$\left(\dfrac{\partial U}{\partial V}\right)_T = 0$ である．また，$1\,\mathrm{mol}$ の気体に対する状態方程式 $V = \dfrac{RT}{p}$ より

$$\left(\frac{\partial V}{\partial T}\right)_p = \frac{R}{p}$$

となるから，これらを式 (B.2.10) に代入すると，

$$C_p = C_V + R \tag{B.2.12}$$

が得られる．この式はマイヤーの関係式と呼ばれる．第 1 巻 ▶第 1 巻 2.0 節 での導出よりも一般的な議論で導出されたことになる．

B.3 ベクトル解析

■ 勾配・発散・回転 ★★☆

物理量にはスカラー量やベクトル量などがある．さらに物理法則は空間微分を用いて表現されるものが多い．これらを容易に表すために，ベクトル形式の微分演算子ナブラ ∇ を次式で定義する．

$$\nabla \equiv \begin{pmatrix} \frac{\partial}{\partial x} \\ \frac{\partial}{\partial y} \\ \frac{\partial}{\partial z} \end{pmatrix} = \begin{pmatrix} \partial_x \\ \partial_y \\ \partial_z \end{pmatrix} \tag{B.3.1}$$

以下では，座標の各点 (x, y, z) で，スカラー $\phi(x, y, z)$ や，ベクトル $\vec{A}(x, y, z) = (A_x, A_y, A_z)$ で表される場があるとしよう．第1巻ではベクトルの内積と外積を紹介した ▶第1巻付録A.1 が，それらを用いて，次の3つの基本演算（gradient, divergence, rotation）を定義する．

$$勾配：\mathrm{grad}\,\phi \equiv \nabla\phi = \begin{pmatrix} \partial_x \phi \\ \partial_y \phi \\ \partial_z \phi \end{pmatrix} \tag{B.3.2}$$

$$発散：\mathrm{div}\,\vec{A} \equiv \nabla \cdot \vec{A} = \begin{pmatrix} \partial_x \\ \partial_y \\ \partial_z \end{pmatrix} \cdot \begin{pmatrix} A_x \\ A_y \\ A_z \end{pmatrix} = \partial_x A_x + \partial_y A_y + \partial_z A_z \tag{B.3.3}$$

$$回転：\mathrm{rot}\,\vec{A} \equiv \nabla \times \vec{A} = \begin{pmatrix} \partial_x \\ \partial_y \\ \partial_z \end{pmatrix} \times \begin{pmatrix} A_x \\ A_y \\ A_z \end{pmatrix} = \begin{pmatrix} \partial_y A_z - \partial_z A_y \\ \partial_z A_x - \partial_x A_z \\ \partial_x A_y - \partial_y A_x \end{pmatrix} \tag{B.3.4}$$

また，次の表記を用いる．

$$\mathrm{div}(\mathrm{grad}\,\phi) \equiv \nabla \cdot \nabla\phi \equiv \Delta\phi \tag{B.3.5}$$

Δ は，ラプラス演算子（ラプラシアン）と呼ばれ，その正体は

$$\nabla \cdot \nabla = \Delta = \frac{\partial^2}{\partial x^2} + \frac{\partial^2}{\partial y^2} + \frac{\partial^2}{\partial z^2} \tag{B.3.6}$$

になる．

■ 静電場と静電ポテンシャル ★★☆

空間の一点 (x, y, z) に $+1\mathrm{C}$ の試験電荷を置いたとき，それにはたらく静電気力をその点の**静電場** $\vec{E}(x, y, z) = (E_x, E_y, E_z)$ という．静電場は**静電ポテンシャル**（あるいは**電位**）$\phi(x, y, z)$ から

$$\vec{E} = -\mathrm{grad}\,\phi \tag{B.3.7}$$

と表される．

例1　電気量 Q の点電荷が原点にあるとき，その周囲の空間には静電ポテンシャル

$$\phi(x, y, z) = \frac{1}{4\pi\varepsilon_0}\frac{Q}{r}, \quad r = \sqrt{x^2 + y^2 + z^2} \tag{B.3.8}$$

が生じる．このとき，電場を求めると，

$$\frac{\partial}{\partial x}\left(\frac{1}{r}\right) = \frac{\partial r}{\partial x}\frac{\partial}{\partial r}\left(\frac{1}{r}\right) = \frac{1}{2}\frac{2x}{\sqrt{x^2 + y^2 + z^2}}\left(-\frac{1}{r^2}\right) = -\frac{x}{r^3}$$

などから，

$$\vec{E}(x, y, z) = -\mathrm{grad}\,\phi = \frac{1}{4\pi\varepsilon_0}\frac{Q}{r^3}\vec{r} \tag{B.3.9}$$

さらに，この静電場の発散と回転を計算すると，

$$\mathrm{div}\,\vec{E}(x, y, z) = 0 \quad （原点を除く） \tag{B.3.10}$$

$$\mathrm{rot}\,\vec{E}(x, y, z) = \vec{0} \tag{B.3.11}$$

となる．最後の式から，このときの静電場 $\vec{E}$ は「渦なしの場」と呼ばれる．

例2　電気力線は空間内での電場の様子を表しており，ガウスの法則 (4.0.17) は電荷分布と電場の関係を与えている．ガウスの法則では電荷を囲む閉曲面は任意にとれることから，この法則を電荷密度 ρ が与えられたときに電場 $\vec{E}$ がみたす微分方程式の形に書き換えることができる．真空の誘電率 ε_0 を用いると，真空中でのこの方程式は

$$\mathrm{div}\,\vec{E} = \frac{\rho}{\varepsilon_0} \tag{B.3.12}$$

となる．式 (B.3.9), (B.3.12) とラプラシアン Δ を用いると，

$$\Delta\phi(x, y, z) = -\frac{1}{\varepsilon_0}\rho(x, y, z) \tag{B.3.13}$$

となる．これは，ポアソン方程式（右辺がゼロの場合は，ラプラス方程式）と呼ばれている．

■微分演算子を含む計算公式　　　　　　　　　　★★☆

次の公式が成り立つことが知られている．確かめてみてもらいたい．

$$\mathrm{rot}(\mathrm{grad}\,\phi) = \nabla \times (\nabla\phi) = 0 \tag{B.3.14}$$

$$\mathrm{div}(\mathrm{rot}\,\vec{A}) = \nabla \cdot (\nabla \times \vec{A}) = 0 \tag{B.3.15}$$

$$\mathrm{rot}(\mathrm{rot}\,\vec{A}) = \nabla \times (\nabla \times \vec{A}) = \nabla(\nabla \cdot \vec{A}) - \nabla \cdot \nabla\vec{A} \tag{B.3.16}$$

式 (B.3.14) は，「渦なしの場は，スカラーポテンシャルの勾配で与えられる」と解釈できる．式 (B.3.15) は，「発散がゼロになる場は，ベクトルポテンシャルの回転で与えられる」と解釈できる．電磁気学では，それぞれ電場と磁場がそのようになっている．

■マクスウェル方程式　　　　　　　　　　　　　　　　　★★★

　ベクトル演算記号を用いると明瞭な形でまとめられる例として，電磁気学のマクスウェル方程式を紹介しよう.

　電場 $\vec{E}$ は位置によって変化するので，その成分も x, y, z の関数である. 実は静電場に対して成り立つガウスの法則 (B.3.12) は，電荷密度 ρ が変化し，電場 $\vec{E}$ が時刻 t によって変化するときにも成り立っている.

　一方，ファラデーの電磁誘導の法則 (4.0.27) は，磁束密度 $\vec{B}$ が時間により変化するときに電場 $\vec{E}$ が空間内に発生することを示しており，これらの場がみたす微分方程式として以下のように表すことができる.

$$\mathrm{rot}\,\vec{E} = -\frac{\partial \vec{B}}{\partial t} \tag{B.3.17}$$

マクスウェルはこれらのほかに磁石の N 極, S 極が単独では存在しないこと (式 (B.3.19))，および電流が磁場を生み出すこと（式 (B.3.21)）を偏微分方程式として 1864 年に発表した（ベクトル解析の形式で整理してまとめたのはヘヴィサイドである）.

法則 B.2（マクスウェル方程式）

　真空中の電磁場は，電荷密度を $\rho\,[\mathrm{C/m^3}]$，電流密度を $\vec{i}\,[\mathrm{A/m^2}]$ として以下の方程式をみたす.

$$\mathrm{div}\,\vec{E} = \frac{\rho}{\varepsilon_0} \tag{B.3.18}$$

$$\mathrm{div}\,\vec{B} = 0 \tag{B.3.19}$$

$$\mathrm{rot}\,\vec{E} = -\frac{\partial \vec{B}}{\partial t} \tag{B.3.20}$$

$$\mathrm{rot}\,\vec{B} = \mu_0\,\vec{i} + \mu_0\varepsilon_0\frac{\partial \vec{E}}{\partial t} \tag{B.3.21}$$

　例えば，式 (B.3.21) の両辺の div をとると，

$$\mathrm{div}\,(\mathrm{rot}\,\vec{B}) = \mu_0(\mathrm{div}\,\vec{i}) + \mu_0\varepsilon_0\,\mathrm{div}\left(\frac{\partial \vec{E}}{\partial t}\right)$$

となるが，左辺は式 (B.3.15) よりゼロ，右辺の第 2 項は $\mathrm{div}\left(\dfrac{\partial \vec{E}}{\partial t}\right) = \dfrac{\partial}{\partial t}\left(\mathrm{div}\vec{E}\right)$ に式 (B.3.18) を代入して

$$\frac{\partial}{\partial t}\rho = \mathrm{div}\,\vec{i} \tag{B.3.22}$$

となる. これは，電荷の保存則（連続の式）と呼ばれる.

　本書では，第 3 巻 ▶第 3 巻 6.4 節 にて，マクスウェル方程式のローレンツ不変性を取り上げる.

発展的な参考文献

　本書は入試問題の形式を踏まえているが，私たちは問題を解くことをゴールとせず，物理的思考を広げる楽しみを読者の方と共有したいと考えて執筆した．その意図を読み取っていただけたなら，あなたにとってもう物理は怖くない科目となったはずだ．

以下，参考図書を掲示してあとがきに代えたい．

より一層，この路線を進みたい読者には次の書がよいだろう．

- 『楽しめる物理問題 200 選』P. Gnädig, G. Honyek, K. F. Riley 著，近重悠一，伊藤郁夫，加藤正昭訳，朝倉書店，2003 年
- 『もっと楽しめる物理問題 200 選 Part1—力と運動の 100 問』P. Gnädig, G. Honyek, M. Vigh 著，K. F. Riley 編，伊藤郁夫監訳，赤間啓一，小川建吾，近重悠一，和田純夫訳，朝倉書店，2020 年
- 『もっと楽しめる物理問題 200 選 Part2—熱・光・電磁気の 100 問』P. Gnädig, G. Honyek, M. Vigh 著，K. F. Riley 編，伊藤郁夫監訳，赤間啓一，小川建吾，近重悠一，和田純夫訳，朝倉書店，2020 年
- 『オリンピック問題で学ぶ世界水準の物理入門』物理チャレンジ・オリンピック日本委員会編著，丸善出版，2010 年
- 『物理チャレンジ独習ガイド—力学・電磁気学・現代物理学の基礎力を養う 94 題』特定非営利活動法人 物理オリンピック日本委員会編，杉山忠男著，丸善出版，2016 年
- 『難問・奇問で語る 世界の物理—オックスフォード大学教授による最高水準の大学入試面接問題傑作選』特定非営利活動法人 物理オリンピック日本委員会訳，丸善出版，2016 年
- 『《ノーベル賞への第一歩》物理論文国際コンテスト—日本の高校生たちの挑戦』江沢洋監修，上條隆志，松本節夫，吉埜和雄編，日本評論社，2013 年

数学的な解法やモデル化に興味をもった読者には次の書を薦めたい．

- 『徹底攻略 常微分方程式』真貝寿明著，共立出版，2010 年
- 『微分方程式で数学モデルを作ろう』デヴィッド・バージェス，モラグ・ボリー著，垣田高夫，大町比佐栄訳，日本評論社，1990 年
- 『自然の数理と社会の数理 I』佐藤總夫著，日本評論社，1984 年
- 『自然の数理と社会の数理 II』佐藤總夫著，日本評論社，1987 年
- 『力学的振動の数学モデル』リチャード・ハーバーマン著，竹之内脩監修，熊原啓作訳，現代数学社，1981 年
- 『個体群成長の数学モデル』リチャード・ハーバーマン著，竹之内脩監修，稲垣宣生訳，現代数学社，1981 年
- 『交通流の数学モデル』リチャード・ハーバーマン著，竹之内脩監修，中井暉久訳，現代数学社，1981 年

もう少し体系的に物理を学んでみたい読者には次のシリーズはいかがだろうか．

- 『ファインマン物理学 I〜V』R. P. ファインマン，R. B. レイトン，M. サンズ著，坪井忠二ほか訳，岩波書店，1967 年
- 『ファインマン物理学問題集 1, 2』R. P. ファインマン，R. B. レイトン，M. サンズ著，河辺哲次訳，岩波書店，2017 年

- "Modern Classical Physics" K. S. Thorne, R. D. Blandford, Princeton University Press, 2017

　最後になるが，本書の出版への道筋を開いてくださった朝倉書店編集部の方々へのお礼を記しておきたい．原稿の数値ミスをご指摘いただくなど細部までの校正に感謝いたします．各章扉の物理学者・数学者の似顔絵は著者鳥居の拙女，利帆によるものである．

著 者 一 同

索　　引

第 1 巻：1–142，A1–A14 頁，第 2 巻：143–282，A15–A26 頁，第 3 巻：283–422，A27–A39 頁

著者紹介

真貝 寿明（しんかい ひさあき）
大阪工業大学 情報科学部 教授.
1995 年早稲田大学大学院修了. 博士（理学）.
早稲田大学理工学部助手, ワシントン大学（米国セントルイス）博士研究員, ペンシルバニア州立大学客員研究員（日本学術振興会海外特別研究員）, 理化学研究所基礎科学特別研究員などを経て, 現職.
著書：『日常の「なぜ」に答える物理学』（森北出版）,『徹底攻略 微分積分』『徹底攻略 常微分方程式』『徹底攻略 確率統計』『現代物理学が描く宇宙論』（共立出版）,『図解雑学 タイムマシンと時空の科学』（ナツメ社）,『ブラックホール・膨張宇宙・重力波』（光文社）,『宇宙検閲官仮説』（講談社）
著書（共著）：『相対論と宇宙の事典』（朝倉書店）,『すべての人の天文学』（日本評論社）
訳書（共訳）：『演習 相対性理論・重力理論』（森北出版）,『宇宙のつくり方』（丸善出版）

林 正人（はやし まさひと）
大阪工業大学 工学部 教授.
1987 年京都大学大学院修了. 理学博士.
カールスルーエ大学（ドイツ）客員研究員, 京都大学基礎物理学研究所研究員（日本学術振興会特別研究員）, トリエステ国際理論物理学研究センター（イタリア）客員研究員, 基礎物理学研究所非常勤講師などを経て, 現職.
著書（共著）：『力学』『力学問題集』（学術図書出版社）

鳥居 隆（とりい たかし）
大阪工業大学 ロボティクス&デザイン工学部 教授.
1996 年早稲田大学大学院修了. 博士（理学）.
東京工業大学客員研究員（日本学術振興会特別研究員）, 東京大学ビッグバン宇宙国際研究センター機関研究員, ニューカッスル・アポン・タイン大学客員研究員, 早稲田大学理工学総合研究所講師などを経て, 現職.
著書（共著）：『相対論と宇宙の事典』（朝倉書店）,『力学』『力学問題集』（学術図書出版社）
訳書（共訳）：『演習 相対性理論・重力理論』（森北出版）,『宇宙のつくり方』（丸善出版）

一歩進んだ物理の理解 2

―電磁気学・発展問題―   定価はカバーに表示

2023 年 11 月 1 日　初版第 1 刷

著　者　真　貝　寿　明

　　　　林　　　正　　　人

　　　　鳥　居　　　隆

発行者　朝　倉　誠　造

発行所　株式会社　朝　倉　書　店

　　　　東京都新宿区新小川町 6-29
　　　　郵 便 番 号　１６２－８７０７
　　　　電　話　03（3260）0141
　　　　Ｆ Ａ Ｘ　03（3260）0180
　　　　https://www.asakura.co.jp

〈検印省略〉

Ⓒ 2023〈無断複写・転載を禁ず〉　　シナノ印刷・渡辺製本

ISBN 978-4-254-13822-1　　C 3342　　　　Printed in Japan

もっと楽しめる 物理問題 200 選 PartI ―力と運動の 100 問―

P. グナディグ (著) ／伊藤 郁夫 (監訳) ／赤間 啓一・近重 悠一・小川 建吾・和田 純夫 (訳)

A5 判／244 頁　978-4-254-13130-7 C3042　定価 3,960 円（本体 3,600 円＋税）

好評の『楽しめる物理問題 200 選』に続編登場！ 日常的な物理現象から SF 的な架空の設定まで，国際物理オリンピックレベルの良問に挑戦。1 巻は力学分野中心の 100 問。熱・電磁気中心の 2 巻も同時刊行。

もっと楽しめる 物理問題 200 選 PartII ―熱・光・電磁気の 100 問―

P. グナディグ (著) ／伊藤 郁夫 (監訳) ／赤間 啓一・近重 悠一・小川 建吾・和田 純夫 (訳)

A5 判／240 頁　978-4-254-13131-4 C3042　定価 3,960 円（本体 3,600 円＋税）

好評の『楽しめる物理問題 200 選』に続編登場！ 2 巻では熱・電磁気分野を中心とする 100 の良問を揃える。日常の不思議から仮想空間まで，物理学を駆使した謎解きに挑戦。力学分野中心の 1 巻も同時刊行。

秘伝の微積物理

青山 均 (著)

A5 判／192 頁　978-4-254-13126-0 C3042　定価 2,420 円（本体 2,200 円＋税）

大学の物理学でつまずきやすいポイントを丁寧に解説。〔内容〕位置・速度・加速度／ベクトルによる運動の表し方／運動方程式／力学的エネルギー保存則／ガウスの法則／電場と電位の関係／アンペールの法則／電磁誘導／交流／数学のてびき

惑星探査とやさしい微積分 I ―宇宙科学の発展と数学の準備―

A.J. Hahn(著) ／狩野 覚・春日 隆 (訳)

A5 判／248 頁　978-4-254-15023-0 C3044　定価 4,290 円（本体 3,900 円＋税）

AJ Hahn: Basic Calculus of Planetary Orbits and Interplanetary Flight: The Missions of the Voyagers, Cassini, and Juno (2020) を 2 分冊で邦訳。I 巻では惑星軌道の理解と探査の歴史，数学的基礎を学ぶ。

惑星探査とやさしい微積分 II ―重力による運動・探査機の軌道―

A.J. Hahn(著) ／狩野 覚・春日 隆 (訳)

A5 判／200 頁　978-4-254-15024-7 C3044　定価 3,850 円（本体 3,500 円＋税）

歴史と数学的基礎を解説した I 巻につづき，楕円軌道と双曲線軌道の運動の理論に注目。惑星運動に関する理解を深め，Voyager, Cassini などによる惑星探査ミッションにおける宇宙機の軌道，ターゲット天体へ誘導する複雑な局面を論じる。